① 천기

● 천을 알아볼까요?

- 100이 10개이면 1000입니다.
- 1000은 천이라고 읽습니다.

1000이 ■개이면 ■000이야.

● 몇천을 알아볼까요?

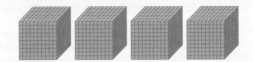

- 1000이 4개이면 4000입니다.
- 4000은 사천이라고 읽습니다.

1~4 수 모형이 나타내는 수를 □ 안에 써넣으세요.

1

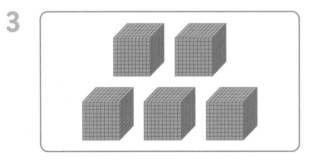

3

2

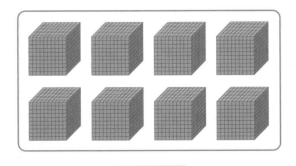

4

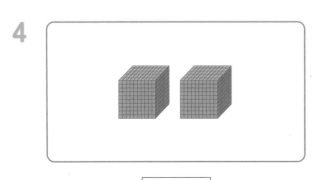

5 천 ☐

6 6000 ☐

7 사천 ☐

8 8000 ☐

9 삼천 ☐

10 7000 ☐

11 오천 ☐

12 9000 ☐

13 칠천 ☐

14 3000 ☐

15 이천 ☐

16 4000 ☐

17 육천 ☐

18 1000 ☐

수로 나타내 보세요.   주어진 수만큼 색칠해 보세요.

19 1000이 6개인 수

→ [ ]

22 3000

| 1000 | 1000 | 1000 | 1000 |
| 1000 | 1000 | 1000 | 1000 |

20 1000이 2개인 수

→ [ ]

23 팔천

| 1000 | 1000 | 1000 | 1000 |
| 1000 | 1000 | 1000 | 1000 |

21 1000이 9개인 수

→ [ ]

24 5000

| 1000 | 1000 | 1000 | 1000 |
| 1000 | 1000 | 1000 | 1000 |

연산+

은주가 문방구에서 필통을 사면서 천 원짜리 지폐 4장을 냈습니다. 은주가 낸 돈은 얼마인가요?

1000이 [ ]개이면 [ ]입니다.

따라서 은주가 낸 돈은 [ ]원입니다.   답 [ ]원

다른 그림 찾기

아래 그림에서 위 그림과 다른 부분 5군데를 모두 찾아 ○표 하세요.

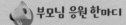

❷ 네 자리 수 알아보기

● 네 자리 수를 알아볼까요?

천 모형	백 모형	십 모형	일 모형
1000이 **2** 개	100이 **4** 개	10이 **3** 개	1이 **7** 개

➡ 1000이 2개, 100이 4개, 10이 3개, 1이 7개이면

2 **4** **3** **7** 이고 이천사백삼십칠 이라고 읽습니다.

1~4 수 모형이 나타내는 수를 빈칸에 써넣으세요.

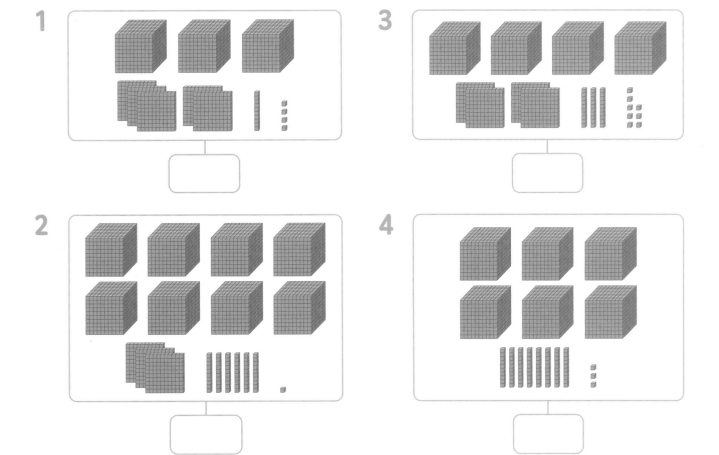

1

3

2

4

5~14 □ 안에 알맞은 수를 써넣으세요.

5 1000이 3개 ┐
    100이 1개 ┤
    10이 9개 ┤ □
    1이 8개 ┘

10 9430은 ┌ 1000이 □ 개
    ├ 100이 □ 개
    ├ 10이 □ 개
    └ 1이 □ 개

6 1000이 5개 ┐
    100이 7개 ┤
    10이 6개 ┤ □
    1이 7개 ┘

11 7562는 ┌ 1000이 □ 개
    ├ 100이 □ 개
    ├ 10이 □ 개
    └ 1이 □ 개

7 1000이 4개 ┐
    100이 2개 ┤
    10이 3개 ┤ □
    1이 6개 ┘

12 2165는 ┌ 1000이 □ 개
    ├ 100이 □ 개
    ├ 10이 □ 개
    └ 1이 □ 개

8 1000이 9개 ┐
    100이 0개 ┤
    10이 4개 ┤ □
    1이 3개 ┘

13 3381은 ┌ 1000이 □ 개
    ├ 100이 □ 개
    ├ 10이 □ 개
    └ 1이 □ 개

9 1000이 2개 ┐
    100이 6개 ┤
    10이 5개 ┤ □
    1이 8개 ┘

14 8904는 ┌ 1000이 □ 개
    ├ 100이 □ 개
    ├ 10이 □ 개
    └ 1이 □ 개

15~19 수를 읽어 보세요.

15 8536

16 7892

17 4306

18 1179

19 3620

20~24 수로 나타내 보세요.

20 칠천사백구 ➡

21 오천칠백육십삼 ➡

22 삼천팔백육십일 ➡

23 팔천구백삼십 ➡

24 이천삼백이십오 ➡

연산+

현미가 나타낸 수를 쓰고, 읽어 보세요.

1000이 ☐ 개, 100이 ☐ 개, 10이 ☐ 개,

1이 ☐ 개인 수: ☐

☐ 는 ☐ 라고 읽습니다.

답 쓰기 ☐ , 읽기 ☐

선 잇기

친구들이 낚시를 하고 있습니다. 관계있는 것끼리 선으로 이어 보세요.

| 칠천백삼십구 | 1000이 3개인 수 | 구천육백십이 | 1000이 4개, 1이 8개인 수 |

9612

7139

4800

4008

3000

 교과서 네 자리 수

③ 각 자리의 숫자가 나타내는 수 알아보기

● 네 자리 수에서 각 자리의 숫자가 나타내는 수를 알아볼까요?

천의 자리	백의 자리	십의 자리	일의 자리
6	1	4	3

⇄

6	0	0	0
	1	0	0
		4	0
			3

6143에서

6은 천의 자리 숫자이고 6000을 나타냅니다.

1은 백의 자리 숫자이고 100을 나타냅니다.

4는 십의 자리 숫자이고 40을 나타냅니다.

3은 일의 자리 숫자이고 3을 나타냅니다.

네 자리 수는 각 자리의 숫자가 나타내는 수의 합으로 나타낼 수 있어.

$$6143 = 6000 + 100 + 40 + 3$$

1~4 주어진 수를 보고 각 자리의 숫자를 빈칸에 써넣으세요.

1 3650

천의 자리	백의 자리	십의 자리	일의 자리
3			0

3 1585

천의 자리	백의 자리	십의 자리	일의 자리
	5		

2 9492

천의 자리	백의 자리	십의 자리	일의 자리
	4	9	

4 4708

천의 자리	백의 자리	십의 자리	일의 자리
			8

5~9 주어진 수를 보고 빈칸에 알맞은 수를 써넣고, 각 자리의 숫자가 나타내는 수의 합으로 나타내 보세요.

5 6475 →

1000이 6개	100이 4개	10이 7개	1이 5개
6000	400		

$$6475 = 6000 + 400 + \boxed{} + \boxed{}$$

6 1582 →

1000이 1개	100이 5개	10이 8개	1이 2개
	500	80	

$$1582 = \boxed{} + 500 + 80 + \boxed{}$$

7 4326 →

1000이 4개	100이 3개	10이 2개	1이 6개
4000			6

$$4326 = 4000 + \boxed{} + \boxed{} + 6$$

8 5704 →

1000이 5개	100이 7개	10이 0개	1이 4개
		0	

$$5704 = \boxed{} + \boxed{} + 0 + \boxed{}$$

9 3123 →

1000이 3개	100이 1개	10이 2개	1이 3개

$$3123 = \boxed{} + \boxed{} + \boxed{} + \boxed{}$$

10

8216			
6000	600	60	6

14

1402			
1000	100	10	1

11

2709			
7000	700	70	7

15

4132			
2000	200	20	2

12

9007			
1000	100	10	0

16

6581			
5000	500	50	5

13

3067			
3000	300	30	3

17

1684			
8000	800	80	8

숫자 4가 400을 나타내는 수는 어느 것인지 찾아 써 보세요.

3948 8014 5402

숫자 4가 나타내는 수:

3948 → ☐, 8014 → ☐, 5402 → ☐

따라서 숫자 4가 400을 나타내는 수는 ☐ 입니다.   **답** ☐

숨은 그림 찾기

다음 그림에서 숨은 그림 5개를 모두 찾아 ○표 하세요.

| 농구공 | 연필 | 도끼 | 딸기 | 모자 |

 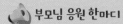

④ 뛰어 세기

● 1000씩, 100씩, 10씩, 1씩 뛰어 세어 볼까요?

• 1000씩 뛰어 세기: 천의 자리 수가 1씩 커집니다.

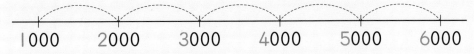

1000 2000 3000 4000 5000 6000

• 100씩 뛰어 세기: 백의 자리 수가 1씩 커집니다.

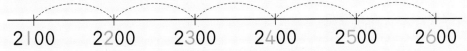

2100 2200 2300 2400 2500 2600

• 10씩 뛰어 세기: 십의 자리 수가 1씩 커집니다.

3210 3220 3230 3240 3250 3260

뛰어 세기를 하면서 각 자리의 숫자가 어떻게 변하는지 알아봐.

• 1씩 뛰어 세기: 일의 자리 수가 1씩 커집니다.

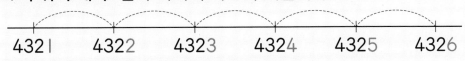

4321 4322 4323 4324 4325 4326

1~4 주어진 수만큼 뛰어 세어 보세요.

1 〰1000씩〰
2000 — 3000 — ☐ — ☐ — 6000 — 7000

2 〰100씩〰
3310 — 3410 — 3510 — 3610 — ☐ — ☐

3 〰10씩〰
6329 — ☐ — 6349 — 6359 — ☐ — 6379

4 〰1씩〰
5672 — 5673 — 5674 — ☐ — 5676 — ☐

규칙에 따라 빈칸에 알맞은 수를 써넣으세요.

5　8630　　　　8650　8660　　　

6　9100　9200　　　　　　9600

7　2678　3678　4678　　　　

8　3121　3131　　　　　3171

9　1853　1854　　　　1857　

10　4117　4217　4317　　　　

11　3925　　5925　6925　　　

12　5391　　　　　5395　5396

13~18 규칙을 찾아 뛰어 세어 보고, 몇씩 뛰어 세었는지 구해 보세요.

13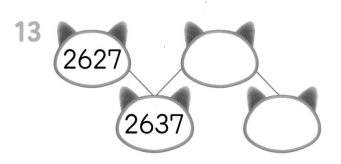
    2627   2637

➡ [   ] 씩 뛰어 세었습니다.

16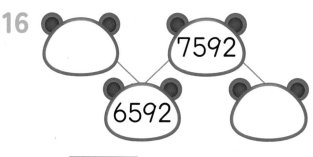
    7592   6592

➡ [   ] 씩 뛰어 세었습니다.

14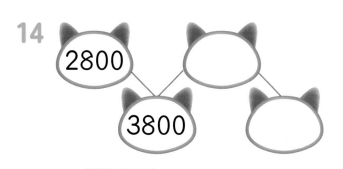
    2800   3800

➡ [   ] 씩 뛰어 세었습니다.

17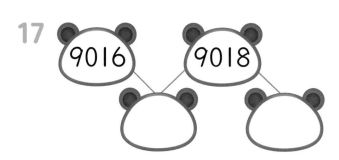
    9016   9018

➡ [   ] 씩 뛰어 세었습니다.

15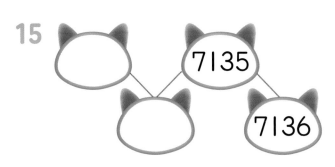
    7135   7136

➡ [   ] 씩 뛰어 세었습니다.

18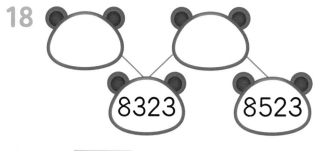
    8323   8523

➡ [   ] 씩 뛰어 세었습니다.

미래는 지금까지 붙임딱지를 1320개 모았습니다. 내일부터 매일 10개씩 4일 동안 붙임딱지를 모은다면 4일 후에는 붙임딱지가 모두 몇 개가 되는지 구해 보세요.

1320부터 10씩 [ ] 번 뛰어 세어 봅니다.

1320 – [   ] – [   ] – [   ] – [   ]   답 [   ] 개
    1번   2번   3번   4번

그림 완성하기

2317부터 10씩 뛰어 세어 보려고 합니다. 선을 이어 그림을 완성하세요.

2387   2397
        2407   2457
           2427   2447   2467
2377   2417   2437   2477
      2357   2427   2497
2367   2437   2487
   2347   2507
2337   2517
2327   2527
      2317   2537

📖 교과서 네 자리 수

❺ 두 수의 크기 비교(1)

● 네 자리 수의 크기를 비교해 볼까요?

① 천의 자리 수부터 차례로 비교합니다.

② 천의 자리 수가 같으면 백의 자리 수끼리, 백의 자리 수가 같으면 십의 자리 수끼리, 십의 자리 수가 같으면 일의 자리 수끼리 비교합니다.

	천의 자리	백의 자리	십의 자리	일의 자리
2832 ➡	2	8	3	2
2852 ➡	2	8	5	2

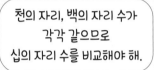

$$2832 < 2852$$
$$3 < 5$$

천의 자리, 백의 자리 수가
각각 같으므로
십의 자리 수를 비교해야 해.

1~4 빈칸에 알맞은 수를 써넣고, 두 수의 크기를 비교하여 ○ 안에 > 또는 < 를 알맞게 써넣으세요.

1

	천의 자리	백의 자리	십의 자리	일의 자리
3824 ➡	3	8	2	4
3724 ➡				

3824 ◯ 3724

2

	천의 자리	백의 자리	십의 자리	일의 자리
5485 ➡				
5516 ➡	5	5	1	6

5485 ◯ 5516

3

	천의 자리	백의 자리	십의 자리	일의 자리
6506 ➡				
7506 ➡				

6506 ◯ 7506

4

	천의 자리	백의 자리	십의 자리	일의 자리
2179 ➡				
2173 ➡				

2179 ◯ 2173

5~20 두 수의 크기를 비교하여 ○ 안에 > 또는 < 를 알맞게 써넣으세요.

5 1695 ◯ 2000

6 1386 ◯ 1384

7 2957 ◯ 2987

8 4870 ◯ 4970

9 2600 ◯ 3100

10 7263 ◯ 7631

11 5020 ◯ 5002

12 9536 ◯ 9528

13 6508 ◯ 6500

14 3724 ◯ 3751

15 6913 ◯ 6952

16 5408 ◯ 5401

17 4800 ◯ 5200

18 3987 ◯ 3865

19 7249 ◯ 7150

20 5985 ◯ 5992

21

6432	6436

22

3504	3500

23

1875	1974

24

4124	5536

25

2793	2730

26

4804	4805

27

8005	8051

28

9284	9198

29

6123	7049

30

5977	5797

길 찾기

왕자가 성에 갇혀 있는 공주를 구하러 가려고 합니다. 두 수의 크기를 바르게 비교한 것을 따라가면 성으로 가는 길을 찾아 공주를 구할 수 있습니다. 길을 찾아 선으로 이어 보세요.

출발	4179>4178	9811<8212
9292<9102	7104>6980	2104>2110
3081>5010	1311>1234	6047<6523
3284<3255	5834>5839	도착

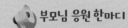

📖 교과서 네 자리 수

⑥ 두 수의 크기 비교(2)

● 9149와 9142의 크기를 비교해 볼까요?

	천의 자리	백의 자리	십의 자리	일의 자리
9149 ➡	9	1	4	9
9142 ➡	9	1	4	2

9149 > 9142
└ 9 > 2 ┘

천의 자리, 백의 자리,
십의 자리, 일의 자리 수를
차례로 비교해 봐!

1~4 빈칸에 알맞은 수를 써넣고, 두 수의 크기를 비교하여 ○ 안에 > 또는 <를 알맞게 써넣으세요.

1

	천의 자리	백의 자리	십의 자리	일의 자리
6184 ➡	6	1	8	4
6149 ➡				

6184 ◯ 6149

3

	천의 자리	백의 자리	십의 자리	일의 자리
8401 ➡				
8190 ➡				

8401 ◯ 8190

2

	천의 자리	백의 자리	십의 자리	일의 자리
6953 ➡				
7325 ➡	7	3	2	5

6953 ◯ 7325

4

	천의 자리	백의 자리	십의 자리	일의 자리
2907 ➡				
2909 ➡				

2907 ◯ 2909

5 1673 ◯ 1675

13 5084 ◯ 5048

6 4745 ◯ 4739

14 7350 ◯ 7530

7 5315 ◯ 5451

15 8127 ◯ 8129

8 6700 ◯ 6570

16 3838 ◯ 3383

9 2890 ◯ 2809

17 5796 ◯ 6579

10 7183 ◯ 7184

18 1469 ◯ 1459

11 8297 ◯ 8288

19 2643 ◯ 2734

12 3664 ◯ 2765

20 4508 ◯ 4509

21~28 세 수 중 가장 큰 수를 찾아 빈칸에 써넣으세요.

21

9110	7915	8412

22

5793	6793	6893

23

3604	3608	3605

24

9242	9424	9442

25

6950

7915 5940

26

2636

2633 2366

27

4757

4577 4775

28

1357

1362 1361

다음은 두 마을에 사는 사람 수를 나타낸 것입니다. 행복 마을과 건강 마을 중 사람이 더 많은 마을은 어디인가요?

행복 마을
3723명

건강 마을
3743명

행복 마을: ☐ 명, 건강 마을: ☐ 명

☐ ◯ ☐ 이므로 ☐ 마을 사람이 더 많습니다. **답** ☐ 마을

> 또는 < 넣기

미로 찾기

나무꾼이 연못에 빠트린 금도끼를 찾으러 가려고 합니다. 길을 찾아 선으로 이어 보세요.

 오늘 나의 실력을 평가해 봐! 🐾 부모님 응원 한마디

📖 교과서 네 자리 수

마무리 연산

쏙셈 4권 2주 2일 ①

1~2 수 모형이 나타내는 수를 □ 안에 써넣으세요.

1

2

3~6 □ 안에 알맞은 수를 써넣으세요.

3
1000이 2개
100이 1개
10이 8개
1이 6개

4
1000이 5개
100이 3개
10이 4개
1이 9개

5
9573은
1000이 □ 개
100이 □ 개
10이 □ 개
1이 □ 개

6
8250은
1000이 □ 개
100이 □ 개
10이 □ 개
1이 □ 개

7~8 빈칸에 알맞은 수나 말을 써넣으세요.

7
육천칠백이십

8
1054

9~10 주어진 수를 각 자리의 숫자가 나타내는 수의 합으로 나타내 보세요.

9 6825 = ☐ + ☐ + ☐ + ☐

10 1932 = ☐ + ☐ + ☐ + ☐

11~14 규칙을 찾아 뛰어 세어 보세요.

11

13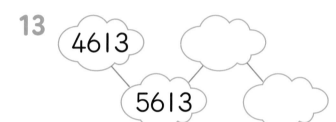

12

14

15~18 세 수 중 가장 큰 수를 찾아 빈칸에 써넣으세요.

15

☐

9483 9493 9473

17

☐

8078 8075 8079

16

☐

5362 4362 3362

18

☐

6320 6230 6228

19 그림이 나타내는 수를 쓰고, 읽어 보세요.

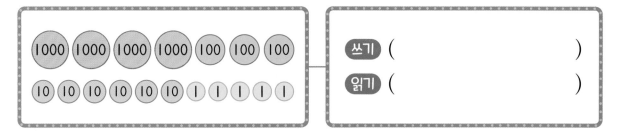

쓰기 (   )

읽기 (   )

20 숫자 5가 나타내는 수가 같은 것끼리 선으로 이어 보세요.

2050 ·   · 5432

1175 ·   · 9253

5914 ·   · 7605

21 보기와 같은 규칙으로 수를 뛰어 세어 보세요.

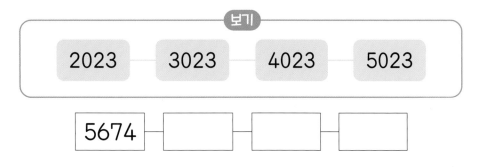

5674 □ □ □

22 가장 큰 수에 ○표, 가장 작은 수에 △표 하세요.

5289   6301   6319   5272

23~26 문제를 읽고 답을 구해 보세요.

23 초콜릿이 한 통에 1000개씩 들어 있습니다. 8통에 들어 있는 초콜릿은 모두 몇 개인가요?

답 _____

24 보현이는 가게에서 아이스크림을 사면서 천 원짜리 지폐 3장, 백 원짜리 동전 8개, 십 원짜리 동전 2개를 냈습니다. 보현이가 낸 돈은 얼마인가요?

답 _____

25 5456부터 100씩 3번 뛰어 센 수는 얼마인가요?

답 _____

26 이번 달에 유리는 9840원을 모았고, 시혁이는 9873원을 모았습니다. 두 사람 중 이번 달에 돈을 더 많이 모은 사람은 누구인가요?

답 _____

📖 교과서 곱셈구구

❶ 2단, 5단 곱셈구구(1)

● 2단 곱셈구구를 알아볼까요?

곱하는 수 ← → 곱

2×1	2
2×2	4
2×3	6
2×4	8
2×5	10
2×6	12
2×7	14
2×8	16
2×9	18

+2 +2 +2 +2 +2 +2 +2 +2

곱이 2씩 커지고 있네.

➡ 2단 곱셈구구에서 곱하는 수가 1씩 커지면 곱은 2씩 커집니다.

● 5단 곱셈구구를 알아볼까요?

5×1	5
5×2	10
5×3	15
5×4	20
5×5	25
5×6	30
5×7	35
5×8	40
5×9	45

+5 +5 +5 +5 +5 +5 +5 +5

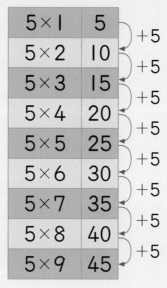

5×7은 5를 7번 더한다는 의미야.

➡ 5단 곱셈구구에서 곱하는 수가 1씩 커지면 곱은 5씩 커집니다.

1~4 꽃의 수를 알아보려고 합니다. 그림을 보고 □ 안에 알맞은 수를 써넣으세요.

1

$2 \times 4 = \boxed{}$

3

$2 \times 7 = \boxed{}$

2

$5 \times 6 = \boxed{}$

4

$5 \times 3 = \boxed{}$

계산을 하세요.

5 2×2

6 5×4

7 5×8

8 2×3

9 5×3

10 2×6

11 5×7

12 5×1

13 2×8

14 2×1

15 2×7

16 2×9

17 5×5

18 2×8

19 2×4

20 2×9

21 5×6

22 5×9

23 2×5

24 5×2

25 5×4

26

$2 \rightarrow \times 8 \rightarrow \square$

27

$5 \rightarrow \times 9 \rightarrow \square$

28

$2 \rightarrow \times 1 \rightarrow \square$

29

$2 \rightarrow \times 7 \rightarrow \square$

30

$5 \rightarrow \times 8 \rightarrow \square$

31

| 5 | ×5 | |

32

| 2 | ×3 | |

33

| 5 | ×2 | |

34

| 5 | ×7 | |

35

| 2 | ×6 | |

빙고 놀이

현미와 가온이는 빙고 놀이를 하고 있습니다. 빙고 놀이에서 이긴 사람은 누구인가요?

<빙고 놀이 방법>
1. 가로, 세로 5칸인 놀이판에 1부터 50까지의 수 중 자유롭게 수를 적은 다음 서로 번갈아 가며 수를 말합니다.
2. 자신과 상대방이 말하는 수에 ✕표 합니다.
3. 가로, 세로, ╱, ╲ 중 한 줄에 있는 5개의 수에 모두 ✕표 한 경우 '빙고'를 외칩니다.
4. 먼저 '빙고'를 외치는 사람이 이깁니다.

현미의 놀이판

19	32	11	10	✕
6	✕	3	21	4
20	✕	14	✕	✕
5	17	39	✕	48
42	26	8	15	23

가온이의 놀이판

3	✕	22	18	✕
24	✕	6	48	32
50	45	34	✕	11
1	✕	25	10	9
38	14	29	40	✕

내가 말할 수는 2 × 7의 계산 결과야!

현미

다음은 내 차례야! 난 5 × 9의 계산 결과야!

가온

❷ 2단, 5단 곱셈구구(2)

● 2단 곱셈구구를 알아볼까요?

×	1	2	3	4	5	6	7	8	9
2	2	4	6	8	10	12	14	16	18

+2 +2 +2 +2 +2 +2 +2 +2

● 5단 곱셈구구를 알아볼까요?

×	1	2	3	4	5	6	7	8	9
5	5	10	15	20	25	30	35	40	45

+5 +5 +5 +5 +5 +5 +5 +5

곱하는 수가 1씩 커지면
2단 곱셈구구는 곱이 2씩,
5단 곱셈구구는 곱이 5씩
커져.

1~12 계산을 하세요.

1 2×1

2 5×7

3 2×8

4 5×2

5 5×9

6 2×3

7 2×9

8 5×8

9 2×7

10 5×6

11 5×3

12 2×2

13~33 계산을 하세요.

13 2×8

14 2×4

15 5×5

16 2×7

17 2×1

18 5×7

19 2×5

20 5×3

21 2×2

22 5×4

23 5×8

24 5×2

25 2×4

26 5×9

27 2×6

28 5×1

29 5×6

30 2×3

31 5×5

32 5×4

33 2×9

34~36 빈칸에 알맞은 수를 써넣으세요.

37~40 □ 안에 알맞은 수를 써넣으세요.

34
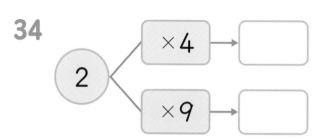

37
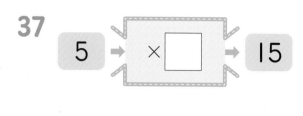

35
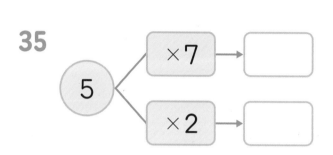

38
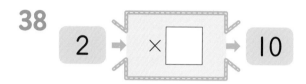

39
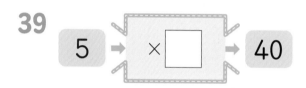

36
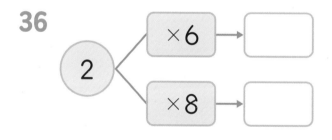

40

두발자전거 한 대의 바퀴는 2개입니다. 두발자전거 3대의 바퀴는 모두 몇 개인가요?

두발자전거 한 대의 바퀴 수: ☐ 개, 두발자전거의 수: ☐ 대

(두발자전거 **3**대의 바퀴 수)=(두발자전거 한 대의 바퀴 수)×(두발자전거의 수)

= ☐ × ☐ = ☐ (개)   답 ☐ 개

색칠하기

배와 구름을 색칠하려고 합니다. 색칠 열쇠 의 문제를 해결하여 결과에 맞게 색칠해 보세요.

색칠 열쇠

2×9 ➡ 빨간색

5×8 ➡ 파란색

5×2 ➡ 주황색

2×3 ➡ 초록색

 교과서 곱셈구구

❸ 3단, 6단 곱셈구구 (1)

● 3단 곱셈구구를 알아볼까요?

3×1	3
3×2	6
3×3	9
3×4	12
3×5	15
3×6	18
3×7	21
3×8	24
3×9	27

+3 (각 단계)

3 × ▲는 3을 ▲번 더한다는 의미야.

➡ 3단 곱셈구구에서 곱하는 수가 1씩 커지면 곱은 3씩 커집니다.

● 6단 곱셈구구를 알아볼까요?

6×1	6
6×2	12
6×3	18
6×4	24
6×5	30
6×6	36
6×7	42
6×8	48
6×9	54

+6 (각 단계)

6 × 7은 6 × 6보다 6만큼 더 커!

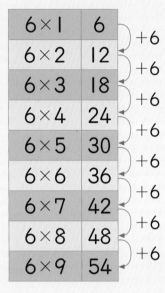

➡ 6단 곱셈구구에서 곱하는 수가 1씩 커지면 곱은 6씩 커집니다.

1~4 과자의 수를 알아보려고 합니다. 그림을 보고 □ 안에 알맞은 수를 써넣으세요.

1

$3 \times 3 = \boxed{}$

3

$3 \times 2 = \boxed{}$

2

$6 \times 4 = \boxed{}$

4

$6 \times 1 = \boxed{}$

5 3×4

6 3×2

7 6×4

8 6×8

9 3×5

10 6×2

11 3×8

12 6×5

13 3×6

14 3×1

15 6×1

16 6×7

17 3×9

18 6×6

19 3×7

20 6×2

21 3×3

22 6×9

23 3×4

24 6×3

25 6×4

26~30 빈칸에 알맞은 수를 써넣으세요.   31~35 빈칸에 두 수의 곱을 써넣으세요.

26

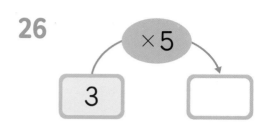

31

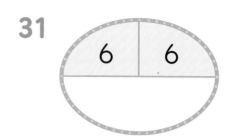

27

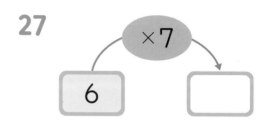

32

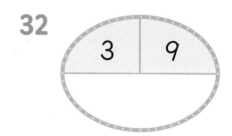

28

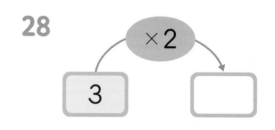

33

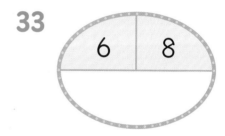

29

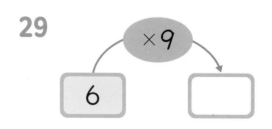

34

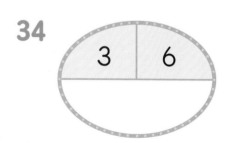

30

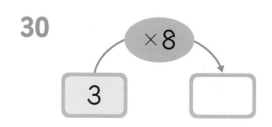

35

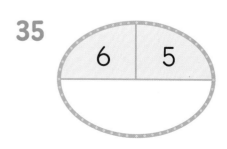

집 찾기

채정이는 친구 집에 가려고 합니다. 갈림길 문제의 답을 따라가면 친구 집에 도착할 수 있습니다. 길을 올바르게 따라가 친구 집을 찾아 번호를 써 보세요.

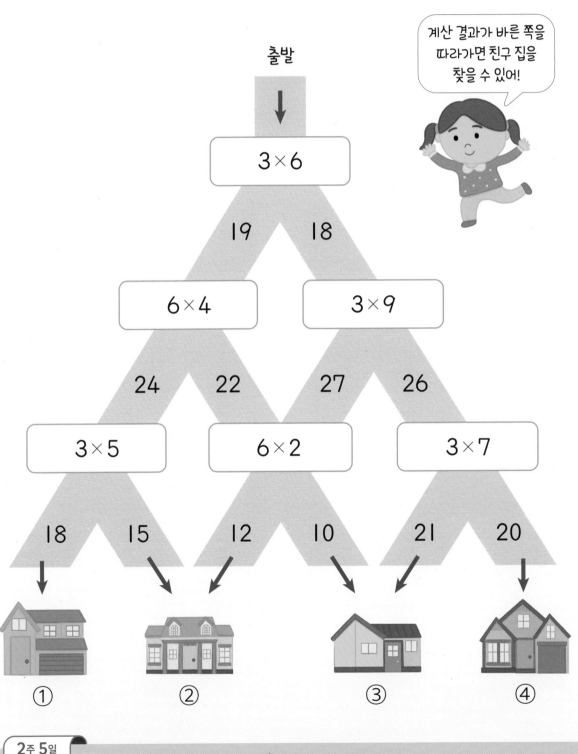

출발

3×6

19   18

6×4   3×9

24   22   27   26

3×5   6×2   3×7

18   15   12   10   21   20

①   ②   ③   ④

계산 결과가 바른 쪽을 따라가면 친구 집을 찾을 수 있어!

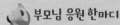

❹ 3단, 6단 곱셈구구(2)

● 3단 곱셈구구를 알아볼까요?

×	1	2	3	4	5	6	7	8	9
3	3	6	9	12	15	18	21	24	27

+3 +3 +3 +3 +3 +3 +3 +3

● 6단 곱셈구구를 알아볼까요?

×	1	2	3	4	5	6	7	8	9
6	6	12	18	24	30	36	42	48	54

+6 +6 +6 +6 +6 +6 +6 +6

 곱하는 수가 1씩 커지면
3단 곱셈구구는 곱이 3씩,
6단 곱셈구구는 곱이 6씩
커져.

1~12 계산을 하세요.

1 3×1

2 3×5

3 6×4

4 6×3

5 6×9

6 3×7

7 6×1

8 3×2

9 6×6

10 6×7

11 3×3

12 3×9

13 6×2

14 3×4

15 3×8

16 6×6

17 3×2

18 6×8

19 3×5

20 3×6

21 6×4

22 6×7

23 3×3

24 6×5

25 6×3

26 3×9

27 6×8

28 3×1

29 6×9

30 6×1

31 3×4

32 3×7

33 6×6

34~36 빈칸에 알맞은 수를 써넣으세요.

37~39 □ 안에 알맞은 수를 써넣으세요.

34

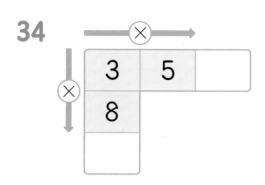

37

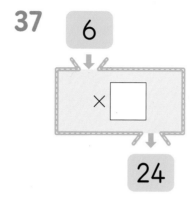

35

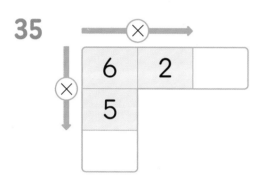

38

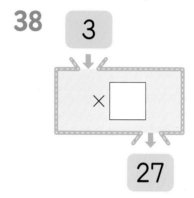

36

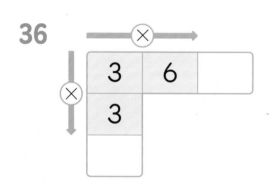

39

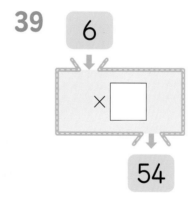

운동장에 학생들이 6명씩 8줄로 서 있습니다. 운동장에 서 있는 학생은 모두 몇 명인 가요?

한 줄에 서 있는 학생 수: ☐ 명, 줄 수: ☐ 줄

(운동장에 서 있는 학생 수)＝(한 줄에 서 있는 학생 수)×(줄 수)

＝ ☐ × ☐ ＝ ☐ (명)   답 ☐ 명

비밀번호 찾기

희재와 예은이는 도서관의 와이파이 비밀번호를 찾으려고 합니다. 도서관의 와이파이 비밀번호는 보기 에 있는 번호에 알맞은 수를 차례로 이어 붙여 쓴 것입니다. 비밀번호를 찾아보세요.

보기

① 3×4   ② 6×5
③ 6×9   ④ 3×8

	①		②		③		④	
답								

교과서 곱셈구구

⑤ 4단, 8단 곱셈구구(1)

● 4단 곱셈구구를 알아볼까요?

4×1	4
4×2	8
4×3	12
4×4	16
4×5	20
4×6	24
4×7	28
4×8	32
4×9	36

➡ 4단 곱셈구구에서 곱하는 수가 1씩 커지면 곱은 4씩 커집니다.

● 8단 곱셈구구를 알아볼까요?

8×1	8
8×2	16
8×3	24
8×4	32
8×5	40
8×6	48
8×7	56
8×8	64
8×9	72

➡ 8단 곱셈구구에서 곱하는 수가 1씩 커지면 곱은 8씩 커집니다.

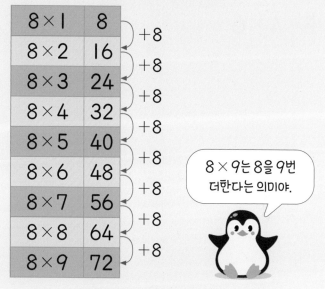

8×9는 8을 9번 더한다는 의미야.

1~4 야구공의 수를 알아보려고 합니다. 그림을 보고 □ 안에 알맞은 수를 써넣으세요.

1

$4 \times 2 = \boxed{}$

3

$4 \times 8 = \boxed{}$

2

$8 \times 4 = \boxed{}$

4

$8 \times 3 = \boxed{}$

쑥셈 4권 3주 2일 ①

5 8×4

12 4×8

19 8×2

6 4×6

13 8×9

20 4×5

7 8×7

14 4×7

21 4×1

8 4×2

15 4×3

22 8×5

9 4×4

16 8×6

23 8×8

10 8×3

17 4×9

24 4×8

11 8×1

18 4×6

25 8×9

26~35 빈칸에 알맞은 수를 써넣으세요.

26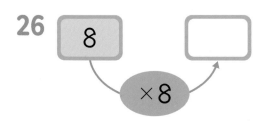

27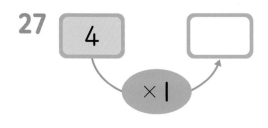

28 8 ×5

29 4 ×9

30 8 ×2

31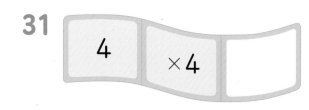

32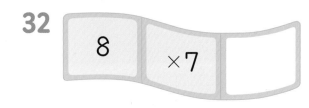

33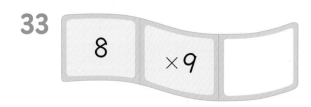

34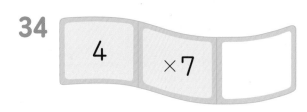

35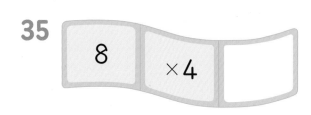

다른 그림 찾기

아래 그림에서 위 그림과 다른 부분 5군데를 모두 찾아 ○표 하세요.

❻ 4단, 8단 곱셈구구(2)

● 4단 곱셈구구를 알아볼까요?

×	1	2	3	4	5	6	7	8	9
4	4	8	12	16	20	24	28	32	36

+4 +4 +4 +4 +4 +4 +4 +4

● 8단 곱셈구구를 알아볼까요?

×	1	2	3	4	5	6	7	8	9
8	8	16	24	32	40	48	56	64	72

+8 +8 +8 +8 +8 +8 +8 +8

> 곱하는 수가 1씩 커지면
> 4단 곱셈구구는 곱이 4씩,
> 8단 곱셈구구는 곱이 8씩
> 커져.

1~12 계산을 하세요.

1 4×8

2 8×1

3 4×4

4 8×9

5 8×6

6 4×2

7 4×5

8 8×7

9 8×5

10 8×3

11 4×1

12 4×9

13 8×6

20 4×3

27 8×1

14 4×2

21 8×3

28 8×9

15 8×4

22 4×8

29 4×5

16 4×7

23 4×6

30 4×4

17 8×8

24 4×1

31 8×5

18 4×5

25 8×7

32 4×3

19 8×2

26 4×9

33 8×4

34

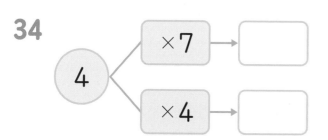

37

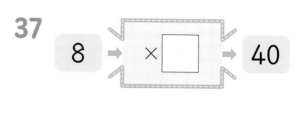

35

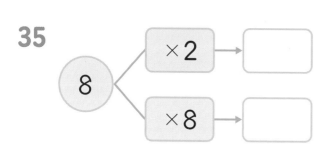

38

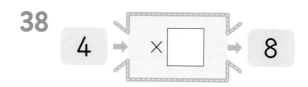

39

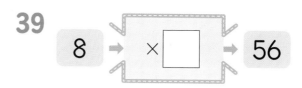

36

40

민호는 한 봉지에 4개씩 들어 있는 과자를 8봉지 샀습니다. 민호가 산 과자는 모두 몇 개인가요?

한 봉지에 들어 있는 과자 수: ☐ 개, 봉지 수: ☐ 봉지

(민호가 산 과자 수)＝(한 봉지에 들어 있는 과자 수)×(봉지 수)

＝ ☐ × ☐ ＝ ☐ (개)　　답 ☐ 개

길 찾기

고양이가 물고기를 찾으러 가려고 합니다. 4단 또는 8단 곱셈구구의 값을 따라 가면 물고기를 찾을 수 있습니다. 길을 찾아 선으로 이어 보세요.

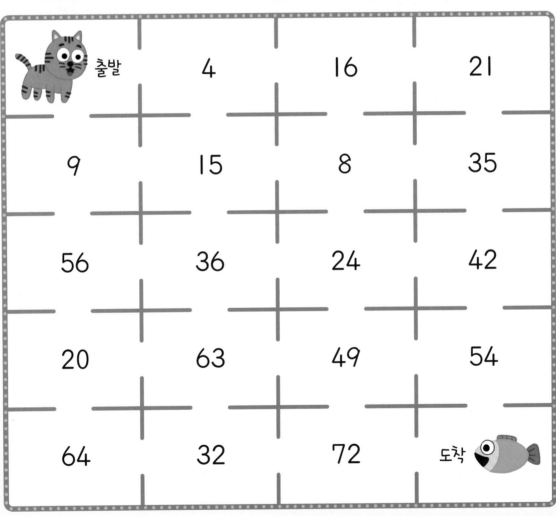

 교과서 **곱셈구구**

공부한 날
___월 ___일

7 7단, 9단 곱셈구구 (1)

● 7단 곱셈구구를 알아볼까요?

7×1	7
7×2	14
7×3	21
7×4	28
7×5	35
7×6	42
7×7	49
7×8	56
7×9	63

+7 (각 단계마다)

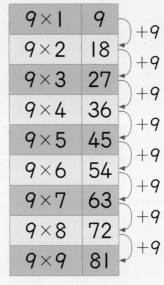
7×▲는 7을 ▲번 더한다는 의미야.

➡ 7단 곱셈구구에서 곱하는 수가 1씩 커지면 곱은 7씩 커집니다.

● 9단 곱셈구구를 알아볼까요?

9×1	9
9×2	18
9×3	27
9×4	36
9×5	45
9×6	54
9×7	63
9×8	72
9×9	81

+9 (각 단계마다)

9×3은 9×2보다 9만큼 더 커!

➡ 9단 곱셈구구에서 곱하는 수가 1씩 커지면 곱은 9씩 커집니다.

1~4 딸기의 수를 알아보려고 합니다. 그림을 보고 □ 안에 알맞은 수를 써넣으세요.

1

$7 \times 2 = \boxed{}$

3

$7 \times 7 = \boxed{}$

2

$9 \times 5 = \boxed{}$

4

$9 \times 3 = \boxed{}$

쏙셈 4권 **3주 4일** ①

5 9×2

12 7×9

19 9×7

6 7×3

13 9×9

20 7×4

7 9×6

14 9×1

21 7×1

8 7×8

15 7×6

22 9×3

9 7×5

16 9×4

23 7×7

10 9×7

17 7×2

24 7×3

11 9×8

18 9×5

25 9×6

26~30 빈칸에 알맞은 수를 써넣으세요.   **31~35** 빈칸에 두 수의 곱을 써넣으세요.

26

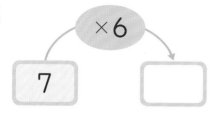

31

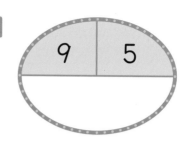

27

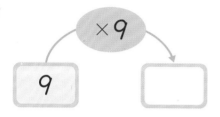

32

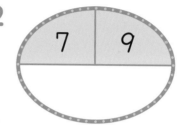

28

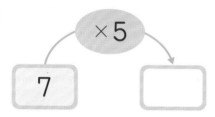

33

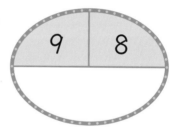

29

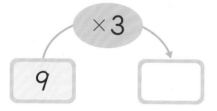

34

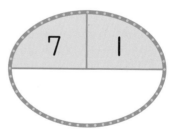

30

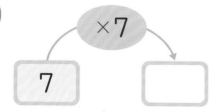

35

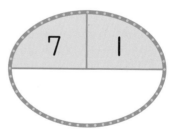

도둑 찾기

어느 날 한 박물관에 도둑이 들어 조각상을 훔쳐 갔습니다. 사건 단서 ①, ②, ③의 계산 결과에 해당하는 글자를 사건 단서 해독표에서 찾아 차례로 쓰면 도둑의 이름을 알 수 있습니다. 명탐정과 함께 주어진 단서를 가지고 도둑의 이름을 알아보세요.

사건 현장에서 단서를 찾아 오른쪽의 사건 단서 해독표를 이용하여 도둑의 이름을 알아봐!

<사건 단서 해독표>

이	14	최	35	누	72
박	21	현	56	유	81
우	63	리	49	준	42

① ② ③

도둑의 이름은 바로 ☐☐☐ 입니다.

3주 4일
정답 확인

오늘 나의 실력을 평가해 봐!　　부모님 응원 한마디

❽ 7단, 9단 곱셈구구(2)

● 7단 곱셈구구를 알아볼까요?

×	1	2	3	4	5	6	7	8	9
7	7	14	21	28	35	42	49	56	63

+7 +7 +7 +7 +7 +7 +7 +7

● 9단 곱셈구구를 알아볼까요?

×	1	2	3	4	5	6	7	8	9
9	9	18	27	36	45	54	63	72	81

+9 +9 +9 +9 +9 +9 +9 +9

곱하는 수가 1씩 커지면
7단 곱셈구구는 곱이 7씩,
9단 곱셈구구는 곱이 9씩
커져.

1~12 계산을 하세요.

1 9×6

2 7×1

3 7×7

4 9×4

5 7×5

6 9×1

7 7×3

8 9×9

9 9×7

10 9×5

11 7×8

12 7×2

13 7×9

20 9×3

27 9×8

14 7×6

21 7×7

28 7×2

15 9×2

22 9×1

29 7×8

16 7×3

23 7×4

30 9×6

17 9×5

24 7×1

31 9×9

18 9×8

25 9×4

32 7×6

19 7×5

26 9×7

33 7×9

34~36 빈칸에 알맞은 수를 써넣으세요. **37~39** □ 안에 알맞은 수를 써넣으세요.

34
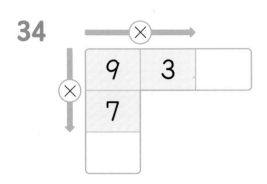

37
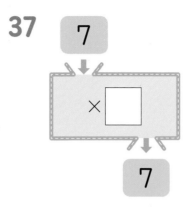

35
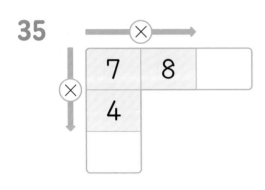

38
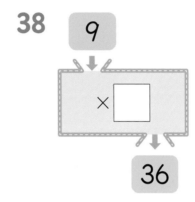

36
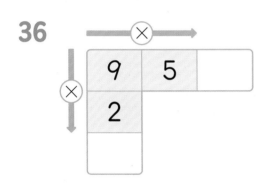

39
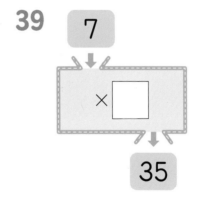

색연필 한 자루의 길이는 **7 cm**입니다. 색연필 **7**자루의 길이는 몇 cm인가요?

색연필 한 자루의 길이: ☐ cm, 색연필 수: ☐ 자루

(색연필 **7**자루의 길이)=(색연필 한 자루의 길이)×(색연필 수)

= ☐ × ☐ = ☐ (cm)   답 ☐ cm

사다리 타기

사다리 타기는 세로선을 따라 아래로 내려가다가 가로선을 만나면 가로로 이동하고, 다시 세로선을 만나면 세로선을 따라 아래로 내려가는 놀이입니다. 주어진 식의 계산 결과를 사다리를 타고 내려가서 도착한 곳에 써넣으세요.

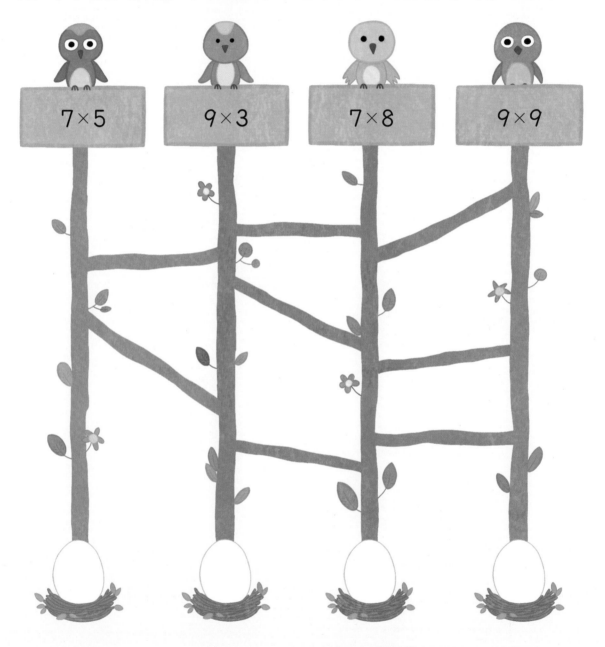

| 7×5 | 9×3 | 7×8 | 9×9 |

오늘 나의 실력을 평가해 봐!  부모님 응원 한마디

📖 교과서 **곱셈구구**

❾ 2단~9단 곱셈구구⑴

● 2단, 5단 곱셈구구

×	1	2	3	4	5	6	7	8	9
2	2	4	6	8	10	12	14	16	18
5	5	10	15	20	25	30	35	40	45

→ 5×6=30

● 3단, 6단 곱셈구구

×	1	2	3	4	5	6	7	8	9
3	3	6	9	12	15	18	21	24	27
6	6	12	18	24	30	36	42	48	54

→ 6×5=30

● 4단, 8단 곱셈구구

×	1	2	3	4	5	6	7	8	9
4	4	8	12	16	20	24	28	32	36
8	8	16	24	32	40	48	56	64	72

● 7단, 9단 곱셈구구

×	1	2	3	4	5	6	7	8	9
7	7	14	21	28	35	42	49	56	63
9	9	18	27	36	45	54	63	72	81

> ■단 곱셈구구에서 곱하는 수가 1씩 커지면 곱은 ■씩 커집니다.

1~9 계산을 하세요.

1 8×3

4 5×9

7 9×1

2 6×5

5 3×3

8 2×6

3 4×2

6 7×4

9 8×7

10 $2 \times \boxed{} = 14$

17 $\boxed{} \times 3 = 12$

24 $5 \times \boxed{} = 20$

11 $8 \times \boxed{} = 16$

18 $\boxed{} \times 9 = 63$

25 $\boxed{} \times 6 = 18$

12 $5 \times \boxed{} = 30$

19 $\boxed{} \times 8 = 40$

26 $2 \times \boxed{} = 18$

13 $9 \times \boxed{} = 72$

20 $\boxed{} \times 8 = 64$

27 $\boxed{} \times 4 = 16$

14 $3 \times \boxed{} = 6$

21 $\boxed{} \times 5 = 15$

28 $7 \times \boxed{} = 49$

15 $6 \times \boxed{} = 42$

22 $\boxed{} \times 3 = 18$

29 $\boxed{} \times 6 = 36$

16 $7 \times \boxed{} = 21$

23 $\boxed{} \times 1 = 4$

30 $5 \times \boxed{} = 10$

31~38 빈칸에 알맞은 수를 써넣으세요.

31

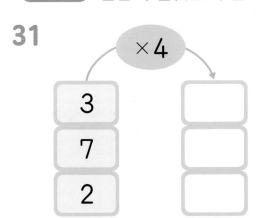

32

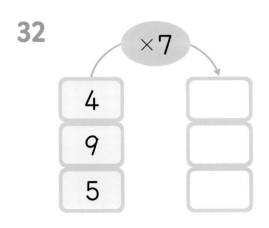

33

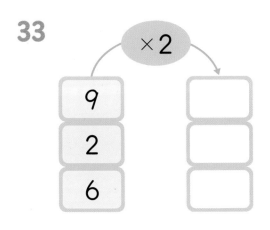

34

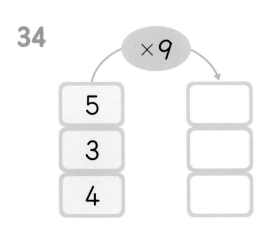

35

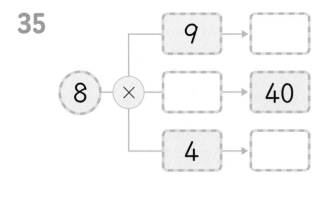

36

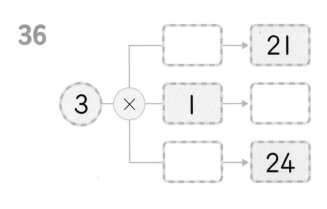

37

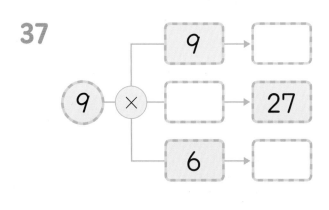

38

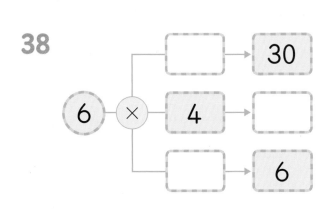

점수 구하기

아영이와 우근이가 과녁 맞히기 놀이를 하고 있습니다. 과녁판의 숫자는 점수를 나타내는 다트의 색에 따라 보기와 같이 점수가 달라집니다. 아영이와 우근이의 점수표를 완성하고 두 사람의 총점을 구해 보세요.

보기

| : 맞힌 점수의 3배 | : 맞힌 점수의 5배 | : 맞힌 점수의 8배 |

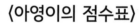

〈아영이의 점수표〉

던진 다트			
점수(점)			

아영이의 총점은 ☐ 점입니다.

〈우근이의 점수표〉

던진 다트			
점수(점)			

우근이의 총점은 ☐ 점입니다.

📖 교과서 **곱셈구구**

⑩ 2단~9단 곱셈구구(2)

● **2단~5단 곱셈구구**

×	1	2	3	4	5	6	7	8	9
2	2	4	6	8	10	12	14	16	18
3	3	6	9	12	15	18	21	24	27
4	4	8	12	16	20	24	28	32	36
5	5	10	15	20	25	30	35	40	45

↳ 곱하는 수가 1씩 커지면 곱은 5씩 커집니다.

● **6단~9단 곱셈구구**

×	1	2	3	4	5	6	7	8	9
6	6	12	18	24	30	36	42	48	54
7	7	14	21	28	35	42	49	56	63
8	8	16	24	32	40	48	56	64	72
9	9	18	27	36	45	54	63	72	81

9×8은 9×7보다 9만큼 더 큽니다. ←

1~12 계산을 하세요.

1 9×2

2 6×4

3 3×7

4 5×4

5 2×8

6 4×2

7 8×3

8 9×9

9 3×5

10 5×2

11 7×8

12 4×9

13 $5 \times \boxed{} = 15$

20 $\boxed{} \times 9 = 27$

27 $2 \times \boxed{} = 8$

14 $8 \times \boxed{} = 72$

21 $\boxed{} \times 4 = 32$

28 $\boxed{} \times 6 = 30$

15 $2 \times \boxed{} = 10$

22 $\boxed{} \times 8 = 40$

29 $9 \times \boxed{} = 72$

16 $9 \times \boxed{} = 27$

23 $\boxed{} \times 9 = 54$

30 $\boxed{} \times 8 = 48$

17 $3 \times \boxed{} = 12$

24 $\boxed{} \times 6 = 24$

31 $6 \times \boxed{} = 36$

18 $7 \times \boxed{} = 49$

25 $\boxed{} \times 3 = 6$

32 $\boxed{} \times 4 = 28$

19 $6 \times \boxed{} = 42$

26 $\boxed{} \times 1 = 4$

33 $3 \times \boxed{} = 9$

34

4×	3	➡	
	7	➡	

37

3×	8	➡	
		➡	18

35

9×	6	➡	
	4	➡	

38

5×		➡	35
	5	➡	

36

2×	2	➡	
	9	➡	

39

7×	6	➡	
		➡	7

한 판이 8조각으로 나누어져 있는 피자가 있습니다. 이 피자 5판은 모두 몇 조각인가요?

피자 한 판의 조각 수: ☐ 조각, 피자 수: ☐ 판

(피자 5판의 조각 수)=(피자 한 판의 조각 수)×(피자 수)

= ☐ × ☐ = ☐ (조각)   답 ☐ 조각

가로세로 수 맞히기

가로세로 수 맞히기 놀이를 하여 빈칸에 알맞은 수를 써넣으세요.

곱셈구구를 이용해서 열쇠의 문제를 해결해 보자.

하나씩 차근차근 수를 써넣으면 어렵지 않게 할 수 있어!

				마	바	
나	다				사	
	라					
아			자		카	타
			차			

가로 열쇠

나: 9×8 라: 5×9

마: 8×4 사: 2×6

차: 7×4 카: 4×9

세로 열쇠

가: 3×9 다: 4×6

바: 7×3 아: 2×9

자: 6×7 타: 8×8

⑪ Ⅰ단 곱셈구구와 0의 곱(1)

● Ⅰ단 곱셈구구를 알아볼까요?

×	1	2	3	4	5	6	7	8	9
1	1	2	3	4	5	6	7	8	9

+1 +1 +1 +1 +1 +1 +1 +1

Ⅰ단 곱셈구구는 곱하는 수가
Ⅰ씩 커지면 곱도 Ⅰ씩 커져.

Ⅰ과 어떤 수의 곱은 항상 어떤 수가 됩니다.
➡ Ⅰ × (어떤 수) = (어떤 수)

● 0의 곱을 알아볼까요?

0과 어떤 수의 곱은 항상 0입니다. ➡ 0 × (어떤 수) = 0
어떤 수와 0의 곱은 항상 0입니다. ➡ (어떤 수) × 0 = 0

1~6 사탕의 수를 알아보려고 합니다. 그림을 보고 □ 안에 알맞은 수를 써넣으세요.

1

$1 \times 2 = \boxed{}$

2

$0 \times 3 = \boxed{}$

3

$1 \times 5 = \boxed{}$

4

$0 \times \boxed{} = \boxed{}$

5

$1 \times \boxed{} = \boxed{}$

6

$0 \times \boxed{} = \boxed{}$

7 1×1

8 0×2

9 1×4

10 1×7

11 4×0

12 1×5

13 0×7

14 0×5

15 1×8

16 0×8

17 1×9

18 5×0

19 1×0

20 1×2

21 1×3

22 6×0

23 0×3

24 1×6

25 0×9

26 0×4

27 3×0

28~37 빈칸에 두 수의 곱을 써넣으세요.

28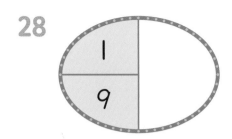

33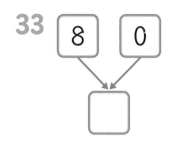

29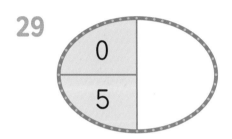

34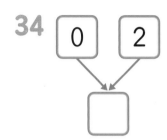

30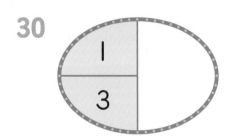

35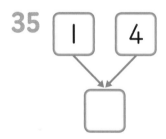

31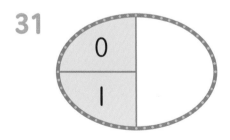

36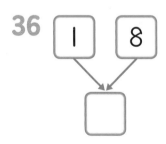

32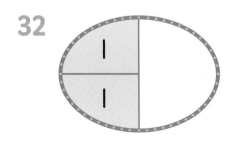

37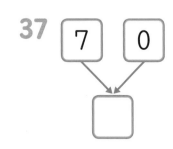

숨은 그림 찾기

다음 그림에서 숨은 그림 5개를 모두 찾아 ○표 하세요.

| 야구공 | 자 | 신발 | 포크 | 도넛 |

   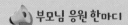

⑫ 1단 곱셈구구와 0의 곱(2)

쪽셈 4권 4주 4일

● 1단 곱셈구구와 0의 곱을 알아볼까요?

① 1과 어떤 수의 곱은 항상 어떤 수가 됩니다.

> $1 \times (어떤 수) = (어떤 수)$

(어떤 수)×1=(어떤 수)인 것도 기억해!

② 0과 어떤 수의 곱, 어떤 수와 0의 곱은 항상 0입니다.

> $0 \times (어떤 수) = 0, (어떤 수) \times 0 = 0$

1~6 공의 수를 알아보려고 합니다. 그림을 보고 □ 안에 알맞은 수를 써넣으세요.

1

$1 \times 3 = \boxed{}$

4
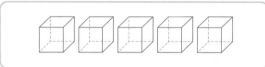

$0 \times \boxed{} = \boxed{}$

2

$0 \times 1 = \boxed{}$

5
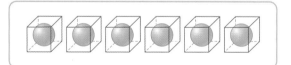

$1 \times \boxed{} = \boxed{}$

3

$1 \times 4 = \boxed{}$

6
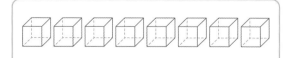

$0 \times \boxed{} = \boxed{}$

7 1×4

8 0×9

9 1×3

10 3×0

11 1×7

12 2×0

13 8×0

14 0×5

15 1×1

16 0×7

17 4×0

18 1×5

19 0×1

20 1×9

21 0×2

22 0×4

23 6×0

24 1×2

25 1×6

26 5×0

27 1×8

28~31 빈칸에 알맞은 수를 써넣으세요.

28

| 1 | ×2 | |

32~35 □ 안에 알맞은 수를 써넣으세요.

32

7 → × □ → 0

29

| 0 | ×8 | |

33

1 → × □ → 3

30

| 1 | ×5 | |

34

1 → × □ → 9

31

| 0 | ×3 | |

35

6 → × □ → 0

한 상자에 인형을 1개씩 담아 포장하였습니다. 상자 4개에 담은
인형은 모두 몇 개인가요?

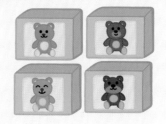

한 상자에 담은 인형 수: ☐ 개, 상자 수: ☐ 개

(상자 4개에 담은 인형 수)=(한 상자에 담은 인형 수)×(상자 수)

=☐ ×☐ =☐ (개)   답 ☐ 개

생일 선물 찾기

시혁이는 아영이의 생일 선물을 준비했습니다. 계산식이 맞으면 ➡의 방향으로, 틀리면 ⬇의 방향으로 화살표를 따라가면 시혁이가 아영이에게 주려는 생일 선물을 찾을 수 있습니다. 생일 선물을 찾아 써 보세요.

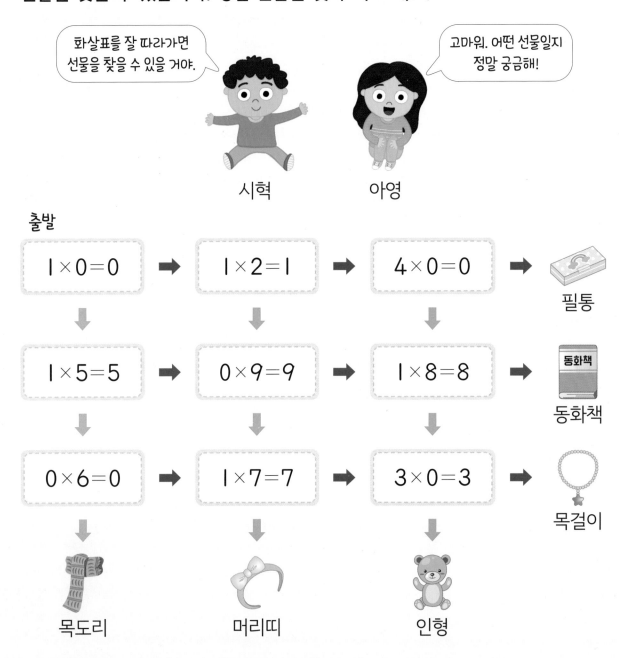

화살표를 잘 따라가면 선물을 찾을 수 있을 거야.

고마워. 어떤 선물일지 정말 궁금해!

시혁   아영

출발

$1 \times 0 = 0$ ➡	$1 \times 2 = 1$ ➡	$4 \times 0 = 0$ ➡	필통
$1 \times 5 = 5$ ➡	$0 \times 9 = 9$ ➡	$1 \times 8 = 8$ ➡	동화책
$0 \times 6 = 0$ ➡	$1 \times 7 = 7$ ➡	$3 \times 0 = 3$ ➡	목걸이

목도리   머리띠   인형

4주 4일
정답 확인

오늘 나의 실력을 평가해 봐!

부모님 응원 한마디

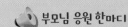

교과서 곱셈구구

⑬ 곱셈구구의 크기 비교

● 곱셈구구를 계산하여 계산 결과의 크기를 비교해 볼까요?

5×7 < 6×6

➡ $5 \times 7 = 35$이고, $6 \times 6 = 36$이므로 35와 36의 크기를 비교합니다.

$$35 < 36$$

곱셈구구의 값을 구한 다음 크기를 비교해 봐!

1~10 계산 결과를 비교하여 ○ 안에 > 또는 < 를 알맞게 써넣으세요.

1 3×2 ◯ 7

2 5×6 ◯ 25

3 4×1 ◯ 7

4 6×3 ◯ 15

5 9×2 ◯ 17

6 25 ◯ 3×9

7 17 ◯ 7×2

8 13 ◯ 4×3

9 47 ◯ 8×6

10 14 ◯ 3×5

11 3×2 ◯ 8×1

19 7×2 ◯ 5×3

12 4×7 ◯ 5×5

20 4×9 ◯ 7×6

13 2×7 ◯ 8×3

21 5×4 ◯ 3×6

14 5×6 ◯ 8×4

22 2×8 ◯ 7×3

15 6×6 ◯ 5×7

23 4×8 ◯ 6×5

16 9×2 ◯ 6×4

24 9×1 ◯ 6×2

17 9×4 ◯ 7×5

25 8×8 ◯ 9×7

18 7×7 ◯ 8×5

26 9×3 ◯ 7×4

27~32 계산 결과를 비교하여 더 큰 것에 ○표 하세요.

27
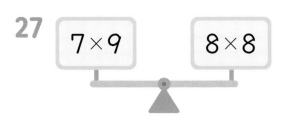
7×9 8×8

30
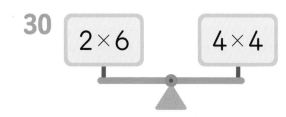
2×6 4×4

28
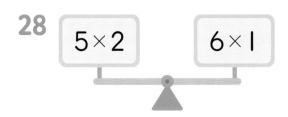
5×2 6×1

31
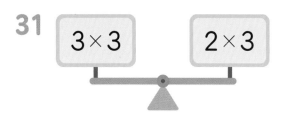
3×3 2×3

29
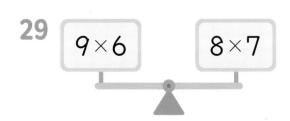
9×6 8×7

32
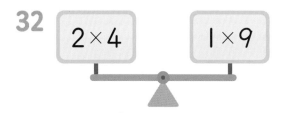
2×4 1×9

연산+

계산 결과가 더 큰 것을 말한 사람은 누구인가요?

5×8! 희재 유리 6×7!

희재: $5 \times 8 = \boxed{}$, 유리: $6 \times 7 = \boxed{}$

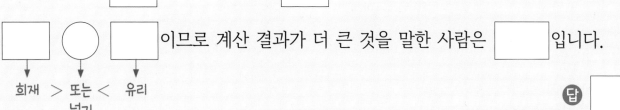

$\boxed{}$ $\bigcirc$ $\boxed{}$ 이므로 계산 결과가 더 큰 것을 말한 사람은 $\boxed{}$ 입니다.

↓ ↓ ↓
희재 > 또는 < 유리
넣기

답 $\boxed{}$

옷 고르기

유미는 윗옷, 아래옷, 신발 중에서 각각 곱셈구구의 계산 결과가 더 큰 것을 고르려고 합니다. 유미가 고른 것을 각각 찾아 기호를 써 보세요.

윗옷

ㄱ 2×5

ㄴ 3×3

아래옷

ㄷ 6×5

ㄹ 8×4

신발

ㅁ 9×4

ㅂ 5×7

곱셈구구의 값을 먼저 계산한 다음에 선택해야겠어.

답 윗옷: ☐ , 아래옷: ☐ , 신발: ☐

교과서 곱셈구구

⑭ 곱셈표(1)

● 곱셈표를 알아볼까요?

×	0	1	2	3	4	5	6	7	8	9
0	0	0	0	0	0	0	0	0	0	0
1	0	1	2	3	4	5	6	7	8	9
2	0	2	4	6	8	10	12	14	16	18
3	0	3	6	9	12	15	18	21	24	27
4	0	4	8	12	16	20	24	28	32	36
5	0	5	10	15	20	25	30	35	40	45
6	0	6	12	18	24	30	36	42	48	54
7	0	7	14	21	28	35	42	49	56	63
8	0	8	16	24	32	40	48	56	64	72
9	0	9	18	27	36	45	54	63	72	81

▶ 2단 곱셈구구에서는 곱이 2씩 커집니다.

▶ 3×9와 9×3은 곱이 27로 같습니다.

$4 \times 9 = 36$, $6 \times 6 = 36$, $9 \times 4 = 36$과 같이 곱이 같은 곱셈구구를 여러 가지 찾을 수 있어.

【1~4】 빈칸에 알맞은 수를 써넣어 곱셈표를 완성하세요.

1

×	1	2	3	4	5
2	2				

3

×	5	6	7	8	9
8					

2

×	4	5	6	7	8
7					

4

×	2	3	4	5	6
4					

5~12 빈칸에 알맞은 수를 써넣어 곱셈표를 완성하세요.

5

×	4	5
1	4	
2		

9

×	1	2	3
2		4	
5	5		
6			18

6

×	2	4
2		8
4		

10

×	4	5	6
1	4		
7		35	
9			

7

×	6	7
8		
9		

11

×	3	4	7
4			28
5			
6	18		

8

×	5	9
4		
7		

12

×	0	2	3
3		6	
4		8	
8			

쑥셈 4권

빈칸에 알맞은 수를 써넣어 곱셈표를 완성하세요.

13

×	2	3	4	5
3	6			
4		12		
5			20	
6				30

16

×	6	7	8	9
1		7		
2				18
5	30			
6			48	

14

×	5	6	7	8
1				8
2			14	
3	15			
4			28	

17

×	2	3	5	7
4	8			
5		15		
7			35	
8		24		

15

×	4	5	7	8
2			14	
3	12			
6		30		
8				64

18

×	3	5	8	9
5			40	
6	18			
7			56	
9	27			

맛있는 요리법

다음은 김치볶음밥의 요리법입니다. 순서에 따라 요리법을 살펴보세요.

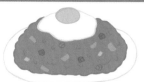

매콤달콤 고소한 김치볶음밥 만들기

〈재료〉 * g은 무게의 단위, mL는 들이의 단위입니다.

김치 130 g, 밥 1공기, 햄 40 g, 양파 20 g, 당근 15 g, 달걀 1개, 참기름 8 mL, 식용유 15 mL, 소금 약간, 후추 약간 (1인분 기준)

〈만드는 법〉

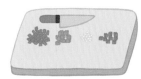

① 김치, 햄, 양파, 당근을 적당한 크기로 썰어요.

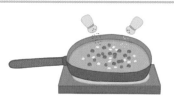

② 달군 팬에 식용유를 두르고 햄, 양파, 당근을 넣고 볶다가 소금과 후추로 간을 해요.

③ 김치를 넣고 한 번 더 볶은 다음 밥을 넣어 섞으면서 볶아요.

④ 다른 팬에 식용유를 두르고 달걀 프라이를 만들어요.

⑤ 김치볶음밥 위에 달걀 프라이를 올리고 참기름을 두르면 완성돼요.

위의 요리법을 보고 곱셈구구를 이용하여 표를 완성하세요.

김치볶음밥의 양(인분)	1	2	3
참기름의 양(mL)	8		

⑮ 곱셈표(2)

● 곱셈표를 알아볼까요?

×	0	1	2	3	4	5	6	7	8	9
0	0	0	0	0	0	0	0	0	0	0
1	0	1	2	3	4	5	6	7	8	9
2	0	2	4	6	8	10	12	14	16	18
3	0	3	6	9	12	15	18	21	24	27
4	0	4	8	12	16	20	24	28	32	36
5	0	5	10	15	20	25	30	35	40	45
6	0	6	12	18	24	30	36	42	48	54
7	0	7	14	21	28	35	42	49	56	63
8	0	8	16	24	32	40	48	56	64	72
9	0	9	18	27	36	45	54	63	72	81

 → ■단 곱셈구구에서는 곱이 ■씩 커집니다.

→ 곱하는 두 수의 순서를 서로 바꾸어도 곱이 같습니다.

→ 곱이 같은 곱셈구구를 여러 가지 찾을 수 있습니다.

1~6 빈칸에 알맞은 수를 써넣어 곱셈표를 완성하세요.

1

×	1	3
3		
4		

3

×	4	5
3		
6		

5

×	3	7
7		
8		

2

×	4	5
1		
2		

4

×	6	9
5		
8		

6

×	2	8
0		
9		

7

×	2	4	8
3	6		
6		24	
9			72

11

×	1	2	5
1			
3	3		
4		8	

8

×	5	7	8
2			16
4		28	
5			

12

×	3	4	6
2			
5		20	
9			54

9

×	0	5	6
1	0		
3			
7	0		

13

×	2	3	9
5	10		
6			
8			72

10

×	7	8	9
7			
8		64	72
9			

14

×	4	5	7
0		0	
3			
6	24		

곱셈표를 완성하고 곱이 ○ 안의 수인 곳을 모두 찾아 색칠해 보세요.

15

×	1	2	3	4	5	6	7	8	9
2	2					12			
4		12							36
7							49		
8				32		48			72

◯ 16

16

×	1	2	3	4	5	6	7	8	9
3			9						27
5	5					30			
6	6								54
9				36		54			

◯ 18

 연산⁺

다음 곱셈표에서 ㉠에 알맞은 수를 구해 보세요.

×	3	㉠
2	6	14
4	12	28

2 × ㉠ = ⬜ 이고, 4 × ㉠ = ⬜ 입니다.

따라서 ㉠에 알맞은 수는 ⬜ 입니다.   답 ⬜

미로 찾기

원숭이가 바나나를 찾으러 가려고 합니다. 길을 찾아 선으로 이어 보세요.

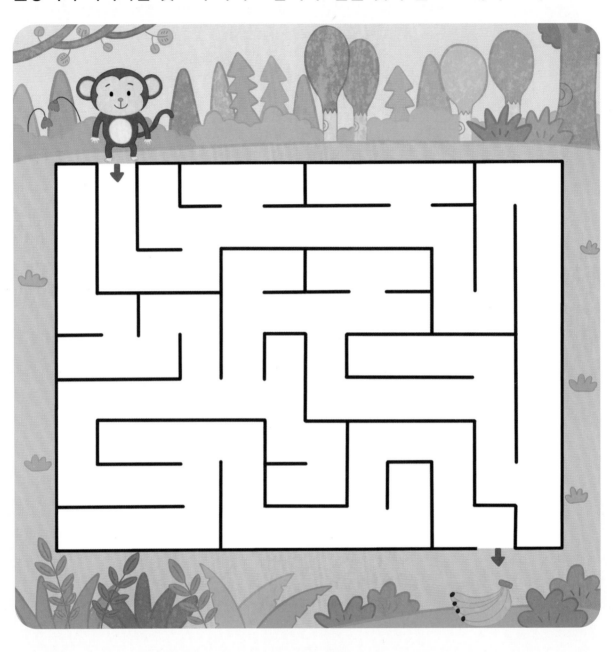

마무리 연산

1~2 초콜릿의 수를 알아보려고 합니다. 그림을 보고 □ 안에 알맞은 수를 써넣으세요.

1

$$4 \times \boxed{} = \boxed{}$$

2

$$\boxed{} \times 5 = \boxed{}$$

3~11 계산을 하세요.

3 9×4

4 7×0

5 3×1

6 8×8

7 2×3

8 0×5

9 1×6

10 5×2

11 7×4

12~20 □ 안에 알맞은 수를 써넣으세요.

12 $5 \times \boxed{} = 15$

13 $\boxed{} \times 9 = 0$

14 $7 \times \boxed{} = 63$

15 $\boxed{} \times 4 = 4$

16 $8 \times \boxed{} = 32$

17 $\boxed{} \times 3 = 27$

18 $2 \times \boxed{} = 12$

19 $\boxed{} \times 7 = 42$

20 $1 \times \boxed{} = 0$

□ 안에 알맞은 수를 써넣으세요.

21

3×	4	➡	[ ]
	7	➡	[ ]

23

8×	6	➡	[ ]
	[ ]	➡	56

22

9×	7	➡	[ ]
	5	➡	[ ]

24

5×	[ ]	➡	20
	8	➡	[ ]

계산 결과를 비교하여 ○ 안에 > 또는 <를 알맞게 써넣으세요.

25 (3×0) ○ (1×2) **26** (7×8) ○ (9×6)

빈칸에 알맞은 수를 써넣어 곱셈표를 완성하세요.

27

×	2	7	9
0			
4			
7			

29

×	4	6	8
2			
6			
8			

28

×	1	5	9
1			
3			
5			

30

×	3	4	7
3			
5			
7			

31 □ 안에 알맞은 수를 써넣으세요.

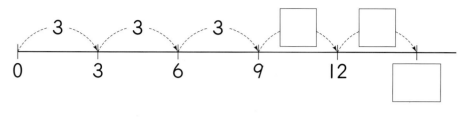

$$3 \times 5 = \boxed{}$$

32 계산 결과가 다른 하나는 어느 것인가요? (　　　)

① 4×6　　　② 8×3　　　③ 6×4
④ 5×6　　　⑤ 3×8

33 □ 안에 알맞은 수를 구해 보세요.

$$2 \times \square = 4 \times 4$$

(　　　　　　　　)

34 아래의 수 중 6단 곱셈구구의 값을 모두 찾아 색칠해 보세요.

48	15	45	36	40
64	30	18	25	9
6	34	26	81	54

35 고구마가 한 상자에 5개씩 들어 있습니다. 상자 9개에 들어 있는 고구마는 모두 몇 개인가요?

식

답

36 민재는 문제집을 하루에 8쪽씩 풀었습니다. 민재가 5일 동안 푼 문제집은 모두 몇 쪽인가요?

식

답

37 미선이의 나이는 9살입니다. 미선이 어머니의 나이는 미선이의 나이의 4배입니다. 미선이 어머니의 나이는 몇 살인가요?

식

답

38 소희네 학교 체육대회의 멀리뛰기 경기에서 1등은 3점, 2등은 1점을 얻습니다. 소희네 반은 1등이 2명, 2등이 6명입니다. 소희네 반의 멀리뛰기 점수는 모두 몇 점인가요?

답

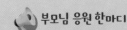

① m와 cm의 관계

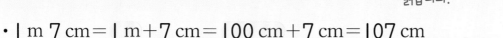

● **1 m(1 미터)를 알아볼까요?**

100 cm는 1 m와 같습니다.

$$100\,cm = 1\,m$$

● **1 m보다 더 긴 길이를 알아볼까요?**

· $140\,cm = 100\,cm + 40\,cm = 1\,m + 40\,cm = 1\,m\ 40\,cm$

→ 1 미터 40 센티미터라고 읽습니다.

· $1\,m\ 7\,cm = 1\,m + 7\,cm = 100\,cm + 7\,cm = 107\,cm$

140 cm는 1 m보다 40 cm 더 긴 길이야.

1~10 □ 안에 알맞은 수를 써넣으세요.

1 $100\,cm = \boxed{}\ m$

2 $700\,cm = \boxed{}\ m$

3 $305\,cm = \boxed{}\ m\ \boxed{}\ cm$

4 $537\,cm = \boxed{}\ m\ \boxed{}\ cm$

5 $991\,cm = \boxed{}\ m\ \boxed{}\ cm$

6 $4\,m = \boxed{}\ cm$

7 $2\,m\ 40\,cm = \boxed{}\ cm$

8 $8\,m\ 12\,cm = \boxed{}\ cm$

9 $3\,m\ 79\,cm = \boxed{}\ cm$

10 $4\,m\ 36\,cm = \boxed{}\ cm$

□ 안에 알맞은 수를 써넣으세요.

11 900 cm = ☐ m

12 1 m 9 cm = ☐ cm

13 666 cm = ☐ m ☐ cm

14 5 m 87 cm = ☐ cm

15 703 cm = ☐ m ☐ cm

16 9 m 20 cm = ☐ cm

17 424 cm = ☐ m ☐ cm

18 8 m 44 cm = ☐ cm

19 3 m 22 cm = ☐ cm

20 621 cm = ☐ m ☐ cm

21 7 m 18 cm = ☐ cm

22 119 cm = ☐ m ☐ cm

23 2 m 87 cm = ☐ cm

24 396 cm = ☐ m ☐ cm

25 5 m 2 cm = ☐ cm

26 907 cm = ☐ m ☐ cm

27

518 cm

↓

□ m □ cm

28

405 cm

↓

□ m □ cm

29

973 cm

↓

□ m □ cm

30

7 m 82 cm → □ cm

31

5 m 30 cm → □ cm

32

9 m 29 cm → □ cm

33

1 m 75 cm → □ cm

신성이의 키는 1 m 41 cm입니다. 신성이의 키는 몇 cm인가요?

1 m 41 cm = □ cm + □ cm = □ cm   답 □ cm

학교 찾기

유리는 학교에 가려고 합니다. 갈림길 문제에서 □ 안에 알맞은 수를 따라가면 학교에 도착할 수 있습니다. 길을 올바르게 따라가 학교를 찾아 번호를 써 보세요.

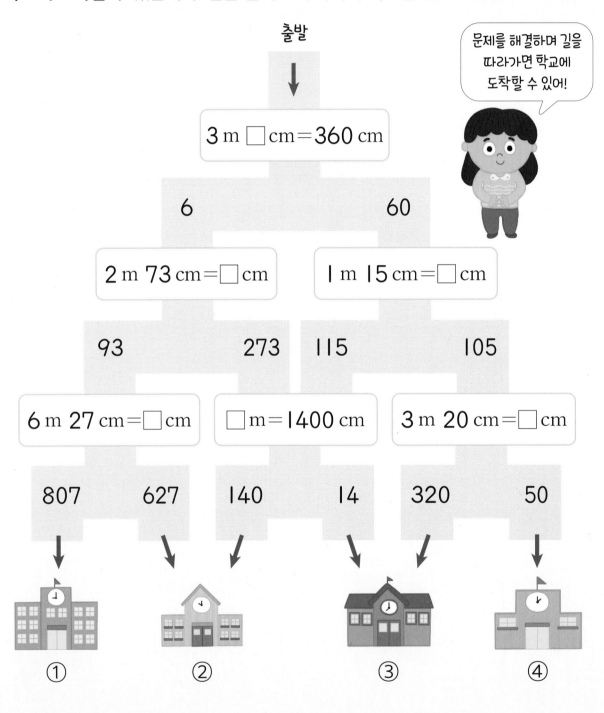

문제를 해결하며 길을 따라가면 학교에 도착할 수 있어!

출발

$3 \text{ m } \square \text{ cm} = 360 \text{ cm}$

6   60

$2 \text{ m } 73 \text{ cm} = \square \text{ cm}$ $1 \text{ m } 15 \text{ cm} = \square \text{ cm}$

93   273   115   105

$6 \text{ m } 27 \text{ cm} = \square \text{ cm}$ $\square \text{ m} = 1400 \text{ cm}$ $3 \text{ m } 20 \text{ cm} = \square \text{ cm}$

807   627   140   14   320   50

①   ②   ③   ④

오늘 나의 실력을 평가해 봐!

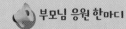 부모님 응원 한마디

📖 교과서 **길이 재기**

❷ 받아올림이 없는 길이의 합(1)

● **받아올림이 없는 길이의 합을 알아볼까요?**

m는 m끼리, cm는 cm끼리 더합니다.

$$4+2=6$$

$$4\ m\ \underline{20}\ cm + 2\ m\ \underline{60}\ cm = 6\ m\ \underline{80}\ cm$$

$$20+60=80$$

	4 m	20 cm
+	2 m	60 cm
		80 cm

➡️

	4 m	20 cm
+	2 m	60 cm
	6 m	80 cm

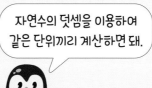

자연수의 덧셈을 이용하여 같은 단위끼리 계산하면 돼.

1~6 □ 안에 알맞은 수를 써넣으세요.

1

	2 m	30 cm
+	1 m	10 cm
	☐ m	☐ cm

2

	4 m	20 cm
+	3 m	40 cm
	☐ m	☐ cm

3

	3 m	52 cm
+	2 m	20 cm
	☐ m	☐ cm

4

	5 m	31 cm
+	4 m	30 cm
	☐ m	☐ cm

5

	3 m	50 cm
+	1 m	9 cm
	☐ m	☐ cm

6

	2 m	13 cm
+	6 m	26 cm
	☐ m	☐ cm

7

$$6 \text{ m } 10 \text{ cm}$$
$$+ \ 2 \text{ m } 50 \text{ cm}$$
$$\boxed{} \text{ m } \boxed{} \text{ cm}$$

8

$$2 \text{ m } 10 \text{ cm}$$
$$+ \ 1 \text{ m } 44 \text{ cm}$$
$$\boxed{} \text{ m } \boxed{} \text{ cm}$$

9

$$3 \text{ m } 62 \text{ cm}$$
$$+ \ 3 \text{ m } 30 \text{ cm}$$
$$\boxed{} \text{ m } \boxed{} \text{ cm}$$

10

$$5 \text{ m } 30 \text{ cm}$$
$$+ \ 2 \text{ m } 10 \text{ cm}$$
$$\boxed{} \text{ m } \boxed{} \text{ cm}$$

11

$$2 \text{ m } 22 \text{ cm}$$
$$+ \ 2 \text{ m } 15 \text{ cm}$$
$$\boxed{} \text{ m } \boxed{} \text{ cm}$$

12

$$4 \text{ m } 41 \text{ cm}$$
$$+ \ 1 \text{ m } 27 \text{ cm}$$
$$\boxed{} \text{ m } \boxed{} \text{ cm}$$

13 $3 \text{ m } 3 \text{ cm} + 4 \text{ m } 20 \text{ cm}$

14 $3 \text{ m } 71 \text{ cm} + 2 \text{ m } 5 \text{ cm}$

15 $4 \text{ m } 16 \text{ cm} + 2 \text{ m } 12 \text{ cm}$

16 $2 \text{ m } 3 \text{ cm} + 1 \text{ m } 13 \text{ cm}$

17 $5 \text{ m } 50 \text{ cm} + 4 \text{ m } 29 \text{ cm}$

18 $2 \text{ m } 42 \text{ cm} + 6 \text{ m } 36 \text{ cm}$

19 $1 \text{ m } 34 \text{ cm} + 8 \text{ m } 32 \text{ cm}$

20 $3 \text{ m } 11 \text{ cm} + 5 \text{ m } 33 \text{ cm}$

21

$+1\,m\,10\,cm$

3 m 70 cm → ☐

22

$+1\,m\,32\,cm$

2 m 24 cm → ☐

23

$+3\,m\,40\,cm$

3 m 3 cm → ☐

24

$+4\,m\,34\,cm$

3 m 42 cm → ☐

25

$+8\,m\,50\,cm$

1 m 38 cm → ☐

26

$+2\,m\,1\,cm$

2 m 13 cm → ☐

27

$+2\,m\,16\,cm$

3 m 21 cm → ☐

28

$+4\,m\,13\,cm$

4 m 62 cm → ☐

29

$+3\,m\,33\,cm$

6 m 51 cm → ☐

30

$+9\,m\,13\,cm$

2 m 56 cm → ☐

비밀번호 찾기

지환이와 현미는 식당의 와이파이 비밀번호를 찾으려고 합니다. 식당의 와이파이 비밀번호는 보기에 있는 번호에 알맞은 수를 차례로 이어 붙여 쓴 것입니다. 비밀번호를 찾아보세요.

보기

· 2 m 30 cm + 4 m 25 cm = ① m ② cm

· 6 m 68 cm + 3 m 11 cm = ③ m ④ cm

	①		②		③		④	
답								

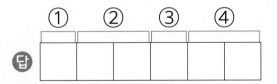
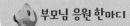

6주 1일

③ 받아올림이 없는 길이의 합(2)

● 2 m 17 cm + 5 m 39 cm를 계산해 볼까요?

	2 m	17 cm
+	5 m	39 cm
		56 cm

➡

	2 m	17 cm
+	5 m	39 cm
	7 m	56 cm

m는 m끼리, cm는 cm끼리 자연수의 덧셈을 이용하여 더해!

1~8 □ 안에 알맞은 수를 써넣으세요.

1
	1 m	25 cm
+	2 m	10 cm
	□ m	□ cm

5
	3 m	33 cm
+	1 m	11 cm
	□ m	□ cm

2
	2 m	34 cm
+	4 m	21 cm
	□ m	□ cm

6
	7 m	12 cm
+	2 m	9 cm
	□ m	□ cm

3
	4 m	52 cm
+	3 m	30 cm
	□ m	□ cm

7
	4 m	17 cm
+	6 m	60 cm
	□ m	□ cm

4
	3 m	37 cm
+	6 m	17 cm
	□ m	□ cm

8
	8 m	40 cm
+	3 m	13 cm
	□ m	□ cm

9 2 m 30 cm + 1 m 20 cm

17 4 m 17 cm + 3 m 46 cm

10 1 m 43 cm + 1 m 15 cm

18 2 m 65 cm + 7 m 22 cm

11 2 m 6 cm + 3 m 88 cm

19 4 m 36 cm + 2 m 20 cm

12 4 m 15 cm + 2 m 15 cm

20 2 m 18 cm + 3 m 26 cm

13 3 m 17 cm + 1 m 28 cm

21 1 m 70 cm + 6 m 10 cm

14 3 m 24 cm + 4 m 60 cm

22 6 m 16 cm + 4 m 34 cm

15 8 m 42 cm + 1 m 29 cm

23 12 m 28 cm + 1 m 19 cm

16 7 m 13 cm + 3 m 53 cm

24 3 m 49 cm + 9 m 25 cm

25

3 m 30 cm	2 m 10 cm

28

2 m 29 cm	2 m 31 cm

26

4 m 8 cm	2 m 19 cm

29

8 m 23 cm	4 m 16 cm

27

2 m 33 cm	6 m 25 cm

30

5 m 52 cm	6 m 24 cm

두 색 테이프를 겹치지 않게 길게 이어 붙였을 때 이어 붙인 색 테이프의 전체 길이는 몇 m 몇 cm인가요?

2 m 28 cm   4 m 58 cm

빨간색 테이프의 길이: ☐ m ☐ cm, 파란색 테이프의 길이: ☐ m ☐ cm

(이어 붙인 색 테이프의 전체 길이)

＝(빨간색 테이프의 길이)＋(파란색 테이프의 길이)

＝ ☐ m ☐ cm＋ ☐ m ☐ cm

＝ ☐ m ☐ cm   답 ☐ m ☐ cm

다른 그림 찾기

아래 그림에서 위 그림과 다른 부분 5군데를 모두 찾아 ○표 하세요.

❹ 받아올림이 있는 길이의 합(1)

● **받아올림이 있는 길이의 합을 알아볼까요?**

① m는 m끼리, cm는 cm끼리 더합니다.

② cm끼리의 합이 100이거나 100보다 크면 100 cm를 1 m로 받아올림합니다.

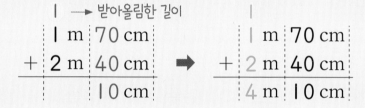

$$1 \text{ m } 70 \text{ cm} + 2 \text{ m } 40 \text{ cm} = 3 \text{ m} + 110 \text{ cm} = 3 \text{ m} + 1 \text{ m } 10 \text{ cm} = 4 \text{ m } 10 \text{ cm}$$

1 ➞ 받아올림한 길이

```
    1   70 cm          1   70 cm
+   2 m 40 cm    ➡   + 2 m 40 cm
        10 cm          4 m 10 cm
```

100 cm = 1 m임을 이용하여 cm, m 순으로 길이의 합을 계산해 봐!

1~4 ☐ 안에 알맞은 수를 써넣으세요.

1

```
 ☐
    2 m  50 cm
+   1 m  60 cm
  ☐ m  ☐ cm
```

3

```
 ☐
    1 m  86 cm
+   2 m  62 cm
  ☐ m  ☐ cm
```

2

```
 ☐
    1 m  55 cm
+   1 m  70 cm
  ☐ m  ☐ cm
```

4

```
 ☐
    3 m  47 cm
+   2 m  90 cm
  ☐ m  ☐ cm
```

5
$$\begin{array}{r} 1 \text{ m } 40 \text{ cm} \\ + \quad 1 \text{ m } 90 \text{ cm} \\ \hline \square \text{ m } \square \text{ cm} \end{array}$$

11 2 m 70 cm + 3 m 60 cm

6
$$\begin{array}{r} 2 \text{ m } 50 \text{ cm} \\ + \quad 2 \text{ m } 70 \text{ cm} \\ \hline \square \text{ m } \square \text{ cm} \end{array}$$

12 1 m 84 cm + 2 m 48 cm

13 3 m 67 cm + 3 m 51 cm

7
$$\begin{array}{r} 3 \text{ m } 74 \text{ cm} \\ + \quad 2 \text{ m } 40 \text{ cm} \\ \hline \square \text{ m } \square \text{ cm} \end{array}$$

14 1 m 56 cm + 3 m 73 cm

8
$$\begin{array}{r} 3 \text{ m } 67 \text{ cm} \\ + \quad 4 \text{ m } 54 \text{ cm} \\ \hline \square \text{ m } \square \text{ cm} \end{array}$$

15 6 m 75 cm + 1 m 41 cm

16 6 m 55 cm + 2 m 92 cm

9
$$\begin{array}{r} 6 \text{ m } 82 \text{ cm} \\ + \quad 2 \text{ m } 56 \text{ cm} \\ \hline \square \text{ m } \square \text{ cm} \end{array}$$

17 3 m 69 cm + 3 m 53 cm

10
$$\begin{array}{r} 5 \text{ m } 74 \text{ cm} \\ + \quad 3 \text{ m } 39 \text{ cm} \\ \hline \square \text{ m } \square \text{ cm} \end{array}$$

18 7 m 77 cm + 1 m 66 cm

19~22 빈칸에 알맞은 길이를 써넣으세요.

19

1 m 80 cm

+2 m 35 cm

20

2 m 59 cm

+3 m 70 cm

21

5 m 48 cm

+2 m 63 cm

22

5 m 74 cm

+3 m 50 cm

23~26 □ 안에 알맞은 수를 써넣으세요.

23

2 m 55 cm

+4 m 71 cm

□ m □ cm

24

3 m 65 cm

+2 m 93 cm

□ m □ cm

25

5 m 90 cm

+3 m 81 cm

□ m □ cm

26

3 m 48 cm

+4 m 72 cm

□ m □ cm

사자성어

다음 식의 계산 결과에 해당하는 글자를 보기 에서 찾아 차례로 쓰면 사자성어가 완성됩니다. 완성된 사자성어를 써 보세요.

$$6 \text{ m } 78 \text{ cm} + 3 \text{ m } 46 \text{ cm} = ① \text{ m } ② \text{ cm}$$

$$8 \text{ m } 25 \text{ cm} + 2 \text{ m } 91 \text{ cm} = ③ \text{ m } ④ \text{ cm}$$

보기

9	24	2	16	14	21
재	진	순	래	내	근
11	23	4	29	7	10
감	실	자	이	성	고

완성된 사자성어는 쓴 것이 다하면 단 것이 온다는 뜻이야.

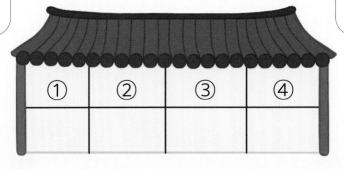

① ② ③ ④

고생 끝에 즐거움이 온다는 의미야.

6주 2일 정답 확인

오늘 나의 실력을 평가해 봐! 부모님 응원 한마디

📖 교과서 **길이 재기**

⑤ 받아올림이 있는 길이의 합(2)

● 3 m 66 cm＋5 m 89 cm를 계산해 볼까요?

```
 ┃ → 받아올림한 길이            ┃
 3 m  66 cm                3 m  66 cm
＋5 m  89 cm        ➡     ＋5 m  89 cm
─────────               ─────────
       55 cm               9 m  55 cm
```

cm끼리의 합이
100이거나 100보다 크면
100 cm를 1 m로
받아올림하여 계산해!

1~6 □ 안에 알맞은 수를 써넣으세요.

1
```
   1 m  85 cm
＋  2 m  25 cm
─────────
   □ m  □ cm
```

4
```
   3 m  73 cm
＋  4 m  61 cm
─────────
   □ m  □ cm
```

2
```
   3 m  40 cm
＋  2 m  80 cm
─────────
   □ m  □ cm
```

5
```
   5 m  86 cm
＋  3 m  59 cm
─────────
   □ m  □ cm
```

3
```
   3 m  90 cm
＋  1 m  72 cm
─────────
   □ m  □ cm
```

6
```
   2 m  76 cm
＋  8 m  43 cm
─────────
   □ m  □ cm
```

7 2 m 60 cm + 1 m 70 cm

8 1 m 90 cm + 1 m 80 cm

9 3 m 75 cm + 1 m 31 cm

10 2 m 82 cm + 3 m 56 cm

11 3 m 44 cm + 3 m 71 cm

12 5 m 57 cm + 2 m 89 cm

13 6 m 56 cm + 1 m 70 cm

14 3 m 14 cm + 5 m 95 cm

15 3 m 49 cm + 3 m 85 cm

16 2 m 55 cm + 3 m 69 cm

17 5 m 72 cm + 1 m 43 cm

18 5 m 36 cm + 3 m 94 cm

19 8 m 60 cm + 2 m 58 cm

20 3 m 77 cm + 6 m 83 cm

21 5 m 91 cm + 8 m 38 cm

22 9 m 47 cm + 6 m 74 cm

23~28 빈칸에 두 길이의 합을 써넣으세요.

23

| 1 m 90 cm | 2 m 50 cm |

26

| 2 m 56 cm | 5 m 69 cm |

24

| 6 m 19 cm | 1 m 88 cm |

27

| 5 m 37 cm | 4 m 75 cm |

25

| 4 m 86 cm | 2 m 46 cm |

28

| 3 m 49 cm | 10 m 92 cm |

여정이와 예우는 멀리뛰기를 하였습니다. 여정이는 1 m 58 cm를 뛰었고 예우는 여정이보다 53 cm 더 멀리 뛰었습니다. 예우가 뛴 거리는 몇 m 몇 cm인가요?

여정이가 뛴 거리: ☐ m ☐ cm

(예우가 뛴 거리)=(여정이가 뛴 거리)+ ☐ cm

= ☐ m ☐ cm+ ☐ cm= ☐ m ☐ cm

답 ☐ m ☐ cm

동물 찾기

동굴 창고에 있던 식량을 누군가가 다 먹어 버렸습니다. 식량을 다 먹은 범인은 자신의 집에서 동굴 창고까지의 거리를 잘못 말하고 있는 동물입니다. 보기를 보고 식량을 다 먹어 버린 동물을 찾아 써 보세요.

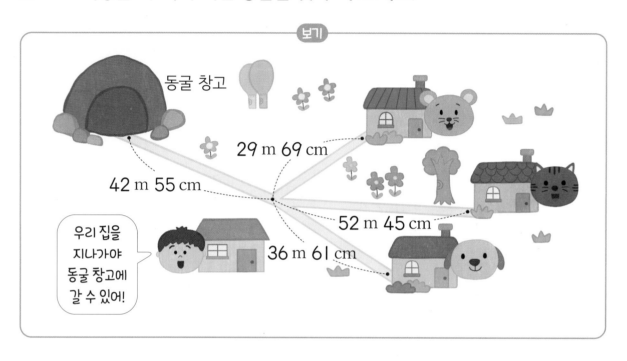

보기

동굴 창고

29 m 69 cm

42 m 55 cm

52 m 45 cm

36 m 61 cm

우리 집을 지나가야 동굴 창고에 갈 수 있어!

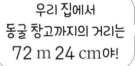
우리 집에서 동굴 창고까지의 거리는 72 m 24 cm야!

쥐

고양이

우리 집에서 동굴 창고까지 가려면 95 m를 가야 해.

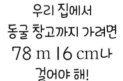
우리 집에서 동굴 창고까지 가려면 78 m 16 cm나 걸어야 해!

강아지

찾았다! 범인은 집에서 동굴 창고까지의 거리를 잘못 말한 ? 구나!

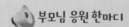

📖 교과서 **길이 재기**

⑥ 받아내림이 없는 길이의 차 (1)

● 받아내림이 없는 길이의 차를 알아볼까요?

m는 m끼리, cm는 cm끼리 뺍니다.

$$5-2=3$$

5 m 70 cm − 2 m 40 cm = 3 m 30 cm

$$70-40=30$$

```
    5 m : 70 cm          5 m : 70 cm
−   2 m : 40 cm    ➡   − 2 m : 40 cm
        : 30 cm          3 m : 30 cm
```

자연수의 뺄셈을 이용하여
같은 단위끼리
계산하면 돼!

1~6 □ 안에 알맞은 수를 써넣으세요.

1
```
    3 m : 30 cm
−   2 m : 10 cm
    □ m   □ cm
```

4
```
    5 m : 74 cm
−   2 m : 52 cm
    □ m   □ cm
```

2
```
    4 m : 75 cm
−   3 m : 60 cm
    □ m   □ cm
```

5
```
    7 m : 48 cm
−   3 m :  4 cm
    □ m   □ cm
```

3
```
    6 m : 38 cm
−   1 m : 15 cm
    □ m   □ cm
```

6
```
    9 m : 98 cm
−   3 m : 18 cm
    □ m   □ cm
```

7　　4 m　60 cm
　－　1 m　30 cm
　　　□ m　□ cm

8　　2 m　50 cm
　－　1 m　10 cm
　　　□ m　□ cm

9　　5 m　89 cm
　－　3 m　60 cm
　　　□ m　□ cm

10　6 m　39 cm
　－　2 m　26 cm
　　　□ m　□ cm

11　8 m　94 cm
　－　3 m　42 cm
　　　□ m　□ cm

12　7 m　45 cm
　－　3 m　11 cm
　　　□ m　□ cm

13 2 m 65 cm － 1 m 40 cm

14 3 m 83 cm － 1 m 50 cm

15 7 m 56 cm － 3 m 46 cm

16 3 m 94 cm － 2 m 53 cm

17 7 m 64 cm － 4 m 12 cm

18 8 m 37 cm － 4 m 26 cm

19 6 m 59 cm － 1 m 56 cm

20 9 m 85 cm － 6 m 43 cm

21

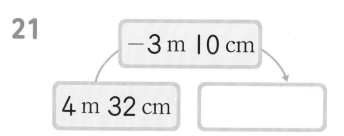

−3 m 10 cm

4 m 32 cm

22

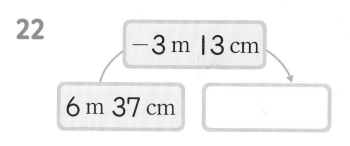

−3 m 13 cm

6 m 37 cm

23

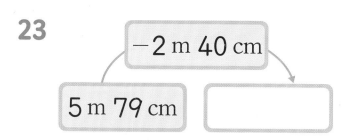

−2 m 40 cm

5 m 79 cm

24

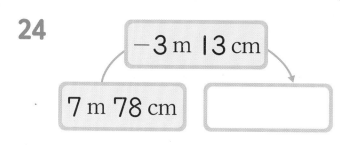

−3 m 13 cm

7 m 78 cm

25

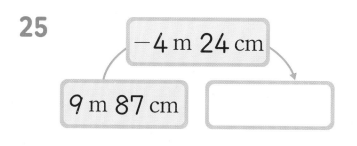

−4 m 24 cm

9 m 87 cm

26

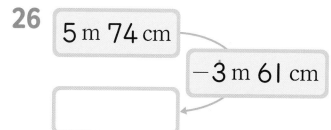

5 m 74 cm

−3 m 61 cm

27

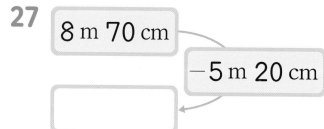

8 m 70 cm

−5 m 20 cm

28

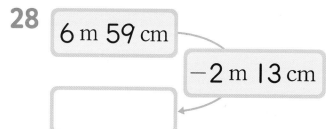

6 m 59 cm

−2 m 13 cm

29

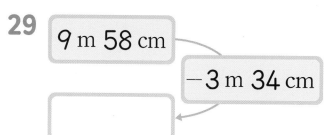

9 m 58 cm

−3 m 34 cm

30

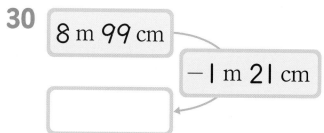

8 m 99 cm

−1 m 21 cm

숨은 그림 찾기

다음 그림에서 숨은 그림 5개를 모두 찾아 ◯표 하세요.

손목시계 테니스공 귤 손전등 면봉

❼ 받아내림이 없는 길이의 차(2)

● 5 m 32 cm − 4 m 19 cm를 계산해 볼까요?

	5 m	32 cm
−	4 m	19 cm
		13 cm

➡

	5 m	32 cm
−	4 m	19 cm
	1 m	13 cm

m는 m끼리, cm는 cm끼리 빼야 하는 것을 잊지 마!

1~8 □ 안에 알맞은 수를 써넣으세요.

1
```
    3 m  20 cm
−   1 m  10 cm
   [  ] m [  ] cm
```

2
```
    4 m  56 cm
−   3 m  30 cm
   [  ] m [  ] cm
```

3
```
    5 m  55 cm
−   2 m  23 cm
   [  ] m [  ] cm
```

4
```
    7 m  80 cm
−   3 m   5 cm
   [  ] m [  ] cm
```

5
```
    5 m  90 cm
−   3 m  90 cm
   [  ] m
```

6
```
    4 m  62 cm
−   1 m  23 cm
   [  ] m [  ] cm
```

7
```
    7 m  82 cm
−   2 m  37 cm
   [  ] m [  ] cm
```

8
```
    8 m  40 cm
−   2 m  28 cm
   [  ] m [  ] cm
```

9 5 m 60 cm − 1 m 60 cm

17 3 m 70 cm − 3 m 20 cm

10 5 m 25 cm − 2 m 13 cm

18 6 m 53 cm − 1 m 7 cm

11 6 m 50 cm − 4 m 26 cm

19 4 m 82 cm − 3 m 60 cm

12 2 m 18 cm − 1 m 12 cm

20 5 m 44 cm − 5 m 19 cm

13 6 m 90 cm − 3 m 55 cm

21 8 m 96 cm − 6 m 58 cm

14 7 m 75 cm − 4 m 34 cm

22 8 m 63 cm − 2 m 36 cm

15 5 m 62 cm − 1 m 49 cm

23 7 m 72 cm − 2 m 27 cm

16 7 m 77 cm − 2 m 28 cm

24 9 m 93 cm − 3 m 18 cm

25

8 m 80 cm	4 m 20 cm

28

3 m 61 cm	2 m 31 cm

26

3 m 74 cm	1 m 36 cm

29

7 m 83 cm	3 m 26 cm

27

6 m 57 cm	3 m 8 cm

30

10 m 61 cm	4 m 43 cm

수호네 집에서 도서관까지의 거리는 수호네 집
에서 학교까지의 거리보다 몇 m 몇 cm 더 먼
가요?

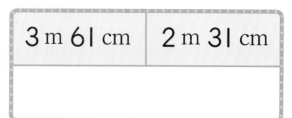

90 m 67 cm 도서관

60 m 45 cm 학교

(수호네 집~도서관): ☐ m ☐ cm, (수호네 집~학교): ☐ m ☐ cm

(더 먼 거리)＝(수호네 집~도서관)－(수호네 집~학교)

＝ ☐ m ☐ cm － ☐ m ☐ cm

＝ ☐ m ☐ cm

답 ☐ m ☐ cm

도둑 찾기

어느 날 한 저택에 도둑이 들어 보석을 훔쳐 갔습니다. 사건 단서 ①, ②, ③의 길이에 해당하는 글자를 사건 단서 해독표에서 찾아 차례로 쓰면 도둑의 이름을 알 수 있습니다. 명탐정과 함께 주어진 단서를 가지고 도둑의 이름을 알아보세요.

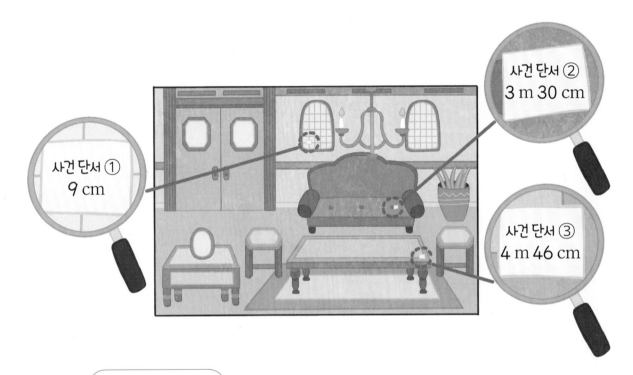

사건 단서 ①
9 cm

사건 단서 ②
3 m 30 cm

사건 단서 ③
4 m 46 cm

사건 현장에서 단서를 찾아 오른쪽의 사건 단서 해독표를 이용하여 도둑의 이름을 알아봐!

〈사건 단서 해독표〉

강	6 m 55 cm − 3 m 25 cm
박	5 m 74 cm − 4 m 65 cm
송	2 m 19 cm − 2 m 10 cm
준	9 m 93 cm − 5 m 47 cm

① ② ③

도둑의 이름은 바로 ☐☐☐ 입니다.

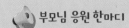

📖 교과서 **길이 재기**

⑧ 받아내림이 있는 길이의 차(1)

● 받아내림이 있는 길이의 차를 알아볼까요?

① m는 m끼리, cm는 cm끼리 뺍니다.

② cm끼리 뺄 수 없으면 1 m를 100 cm로 받아내림합니다.

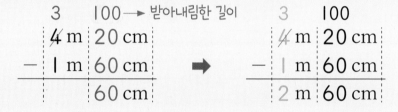

$$3 - 1 = 2$$

$$4 \text{ m } 20 \text{ cm} - 1 \text{ m } 60 \text{ cm} = 3 \text{ m } 120 \text{ cm} - 1 \text{ m } 60 \text{ cm} = 2 \text{ m } 60 \text{ cm}$$

$$120 - 60 = 60$$

	3	100 → 받아내림한 길이
	4̸ m	20 cm
−	1 m	60 cm
		60 cm

➡

	3	100
	4̸ m	20 cm
−	1 m	60 cm
	2 m	60 cm

1 m = 100 cm임을 이용하여 길이의 차를 계산해!

1~4 □ 안에 알맞은 수를 써넣으세요.

1

□	□
3̸ m	10 cm
− 1 m	30 cm
□ m	□ cm

3

□	□
4̸ m	80 cm
− 3 m	90 cm
	□ cm

2

□	□
5̸ m	40 cm
− 2 m	70 cm
□ m	□ cm

4

□	□
6̸ m	25 cm
− 2 m	80 cm
□ m	□ cm

5
$$5 \text{ m } 30 \text{ cm}$$
$$-\ 2 \text{ m } 80 \text{ cm}$$
☐ m ☐ cm

6
$$4 \text{ m } 15 \text{ cm}$$
$$-\ 1 \text{ m } 60 \text{ cm}$$
☐ m ☐ cm

7
$$7 \text{ m } 55 \text{ cm}$$
$$-\ 3 \text{ m } 90 \text{ cm}$$
☐ m ☐ cm

8
$$3 \text{ m } 36 \text{ cm}$$
$$-\ 1 \text{ m } 85 \text{ cm}$$
☐ m ☐ cm

9
$$6 \text{ m } 29 \text{ cm}$$
$$-\ 1 \text{ m } 39 \text{ cm}$$
☐ m ☐ cm

10
$$7 \text{ m } 48 \text{ cm}$$
$$-\ 3 \text{ m } 62 \text{ cm}$$
☐ m ☐ cm

11 $3 \text{ m } 10 \text{ cm} - 1 \text{ m } 90 \text{ cm}$

12 $5 \text{ m } 20 \text{ cm} - 2 \text{ m } 40 \text{ cm}$

13 $3 \text{ m } 10 \text{ cm} - 1 \text{ m } 95 \text{ cm}$

14 $8 \text{ m } 34 \text{ cm} - 4 \text{ m } 60 \text{ cm}$

15 $6 \text{ m } 40 \text{ cm} - 1 \text{ m } 48 \text{ cm}$

16 $9 \text{ m } 27 \text{ cm} - 6 \text{ m } 82 \text{ cm}$

17 $5 \text{ m } 45 \text{ cm} - 3 \text{ m } 96 \text{ cm}$

18 $7 \text{ m } 76 \text{ cm} - 3 \text{ m } 82 \text{ cm}$

19~22 빈칸에 알맞은 길이를 써넣으세요.

19

3 m 60 cm

− 1 m 70 cm

[ ]

20

7 m 45 cm

− 3 m 80 cm

[ ]

21

9 m 49 cm

− 4 m 66 cm

[ ]

22

8 m 26 cm

− 7 m 82 cm

[ ]

23~26 □ 안에 알맞은 수를 써넣으세요.

23 7 m 25 cm

− 2 m 95 cm

[ ] m [ ] cm

24 4 m 73 cm

− 1 m 92 cm

[ ] m [ ] cm

25 6 m 39 cm

− 4 m 87 cm

[ ] m [ ] cm

26 9 m 45 cm

− 5 m 71 cm

[ ] m [ ] cm

미로 찾기

우주 비행사가 행성을 찾으러 가려고 합니다. 길을 찾아 선으로 이어 보세요.

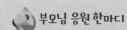

❾ 받아내림이 있는 길이의 차(2)

● 3 m 35 cm − 1 m 90 cm 를 계산해 볼까요?

```
  2   100 → 받아내림한 길이        2   100
  3̸ m  35 cm                    3̸ m  35 cm
−  1 m  90 cm          ➡       −  1 m  90 cm
        45 cm                      1 m  45 cm
```

cm끼리 뺄 수 없을 때에는
1 m를 100 cm로
받아내림하여 계산해!

1~6 ☐ 안에 알맞은 수를 써넣으세요.

1
```
    3 m  10 cm
−   1 m  30 cm
  ☐ m  ☐ cm
```

4
```
    6 m  16 cm
−   3 m  47 cm
  ☐ m  ☐ cm
```

2
```
    5 m  50 cm
−   1 m  75 cm
  ☐ m  ☐ cm
```

5
```
    8 m  21 cm
−   2 m  68 cm
  ☐ m  ☐ cm
```

3
```
    6 m  18 cm
−   5 m  99 cm
       ☐ cm
```

6
```
    7 m  23 cm
−   2 m  76 cm
  ☐ m  ☐ cm
```

7 5 m 40 cm − 3 m 50 cm

15 4 m 88 cm − 1 m 90 cm

8 2 m 30 cm − 1 m 75 cm

16 6 m 23 cm − 2 m 81 cm

9 4 m 43 cm − 1 m 80 cm

17 4 m 15 cm − 2 m 48 cm

10 6 m 14 cm − 1 m 75 cm

18 5 m 35 cm − 4 m 97 cm

11 7 m 38 cm − 3 m 63 cm

19 6 m 20 cm − 1 m 88 cm

12 4 m 32 cm − 1 m 81 cm

20 8 m 50 cm − 4 m 62 cm

13 5 m 11 cm − 1 m 74 cm

21 7 m 23 cm − 1 m 77 cm

14 8 m 16 cm − 3 m 35 cm

22 10 m 29 cm − 3 m 32 cm

23~28 빈칸에 두 길이의 차를 써넣으세요.

23

| 5 m 30 cm | 1 m 50 cm |

26

| 9 m 43 cm | 3 m 98 cm |

24

| 8 m 8 cm | 3 m 15 cm |

27

| 11 m 37 cm | 4 m 46 cm |

25

| 10 m 27 cm | 2 m 72 cm |

28

| 12 m 22 cm | 7 m 93 cm |

현욱이는 길이가 3 m 15 cm인 철사를 1 m 61 cm만큼 잘라 사용하였습니다. 남은 철사의 길이는 몇 m 몇 cm인가요?

처음 철사의 길이: ☐ m ☐ cm, 사용한 철사의 길이: ☐ m ☐ cm

(남은 철사의 길이)＝(처음 철사의 길이)－(사용한 철사의 길이)

＝ ☐ m ☐ cm － ☐ m ☐ cm

＝ ☐ m ☐ cm   답 ☐ m ☐ cm

사다리 타기

사다리 타기는 세로선을 따라 아래로 내려가다가 가로선을 만나면 가로로 이동하고, 다시 세로선을 만나면 세로선을 따라 아래로 내려가는 놀이입니다. 주어진 식의 계산 결과를 사다리를 타고 내려가서 도착한 곳에 써넣으세요.

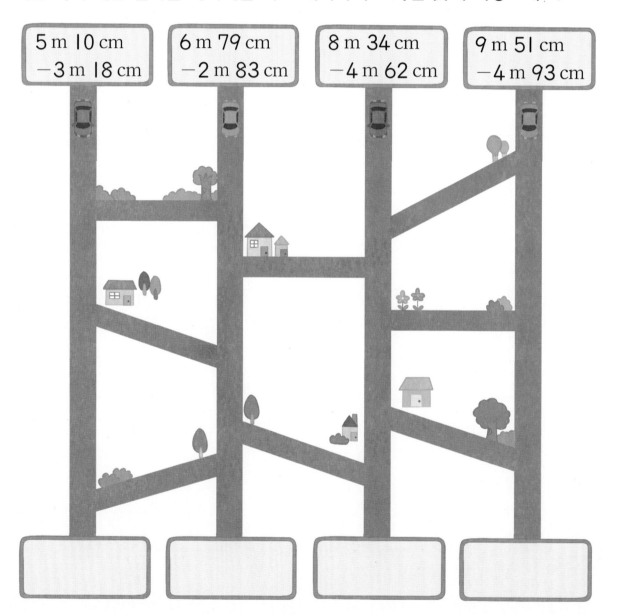

5 m 10 cm
− 3 m 18 cm

6 m 79 cm
− 2 m 83 cm

8 m 34 cm
− 4 m 62 cm

9 m 51 cm
− 4 m 93 cm

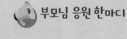

📖 교과서 **길이 재기**

마무리 연산

1~2 그림을 보고 □ 안에 알맞은 수를 써넣으세요.

1

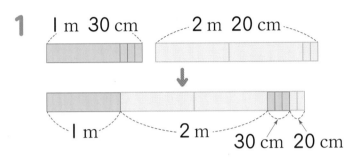

1 m 30 cm + 2 m 20 cm

= □ m □ cm

2

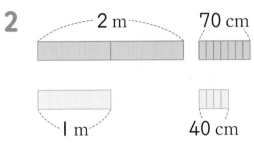

2 m 70 cm − 1 m 40 cm

= □ m □ cm

3~6 □ 안에 알맞은 수를 써넣으세요.

3 321 cm = □ m □ cm

5 254 cm = □ m □ cm

4 8 m 1 cm = □ cm

6 7 m 77 cm = □ cm

7~10 □ 안에 알맞은 수를 써넣으세요.

7
```
    3 m 25 cm
+   2 m 40 cm
──────────────
    □ m □ cm
```

9
```
    6 m 70 cm
−   3 m 59 cm
──────────────
    □ m □ cm
```

8
```
    4 m 58 cm
+   4 m 69 cm
──────────────
    □ m □ cm
```

10
```
    8 m 13 cm
−   3 m 95 cm
──────────────
    □ m □ cm
```

□ 안에 알맞은 수를 써넣으세요.

11 2 m 38 cm

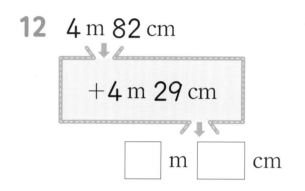

+3 m 20 cm

☐ m ☐ cm

13

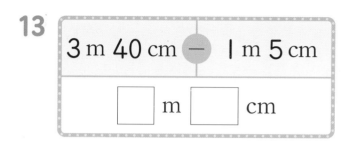

3 m 40 cm − 1 m 5 cm

☐ m ☐ cm

12 4 m 82 cm

+4 m 29 cm

☐ m ☐ cm

14

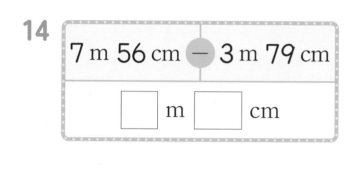

7 m 56 cm − 3 m 79 cm

☐ m ☐ cm

빈칸에 알맞은 길이를 써넣으세요.

15

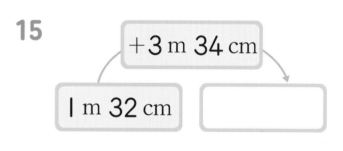

+3 m 34 cm

1 m 32 cm ☐

18

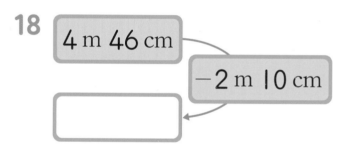

4 m 46 cm

−2 m 10 cm

☐

16

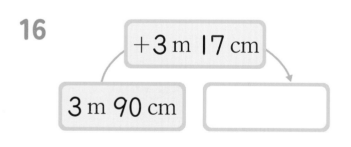

+3 m 17 cm

3 m 90 cm ☐

19

5 m 23 cm

−3 m 64 cm

☐

17

+6 m 59 cm

4 m 82 cm ☐

20

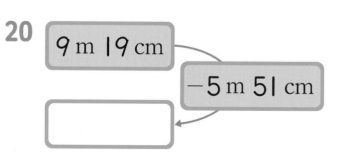

9 m 19 cm

−5 m 51 cm

☐

21 길이가 같은 것끼리 선으로 이어 보세요.

3 m 72 cm	•	•	327 cm
3 m 27 cm	•	•	372 cm
2 m 73 cm	•	•	273 cm

22 □ 안에 알맞은 수를 써넣으세요.

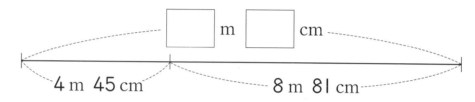

23 가장 긴 길이와 가장 짧은 길이의 차는 몇 m 몇 cm인지 구해 보세요.

8 m 17 cm, 5 m 63 cm, 11 m 92 cm

(   )

24 계산 결과가 다른 식을 말한 사람을 찾아 이름을 써 보세요.

6 m 57 cm − 2 m 18 cm   가온

8 m 30 cm − 4 m 91 cm   예은

9 m 28 cm − 4 m 89 cm   희재

(   )

25 지환이의 키는 1 m 41 cm이고, 어머니의 키는 1 m 65 cm입니다. 지환이와 어머니의 키의 합은 몇 m 몇 cm인가요?

식

답

26 길이가 1 m 24 cm인 고무줄이 있습니다. 이 고무줄을 양쪽에서 잡아당겼더니 3 m 59 cm가 되었습니다. 처음보다 더 늘어난 고무줄의 길이는 몇 m 몇 cm인가요?

식

답

27 끈 6 m 31 cm 중에서 책을 묶는 데 2 m 72 cm를 사용하였습니다. 남은 끈의 길이는 몇 m 몇 cm인가요?

식

답

 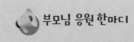

① 시각 읽기

● **5분 단위 시각을 읽어 볼까요?**

시계의 긴바늘이 가리키는 숫자가 I이면 5분, 2이면 I0분, 3이면 I5분……을 나타냅니다.

① 짧은바늘: 8과 9 사이를 가리키고 있습니다.
② 긴바늘: 5를 가리키고 있습니다.
➡ 8시 25분

긴바늘이 숫자 눈금 한 칸을 움직이면 5분이 지나.

● **I분 단위 시각을 읽어 볼까요?**

시계에서 긴바늘이 가리키는 작은 눈금 한 칸은 I분을 나타냅니다.

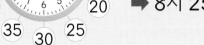

① 짧은바늘: 6과 7 사이를 가리키고 있습니다.
② 긴바늘: 2에서 작은 눈금 2칸 더 간 곳을 가리키고 있습니다.
➡ 6시 I2분

1~4 시각을 읽어 보세요.

1

☐시 ☐분

2

☐시 ☐분

3

☐시 ☐분

4

☐시 ☐분

5  ☐ 시 ☐ 분

10  ☐ 시 ☐ 분

6  ☐ 시 ☐ 분

11  ☐ 시 ☐ 분

7  ☐ 시 ☐ 분

12  ☐ 시 ☐ 분

8  ☐ 시 ☐ 분

13  ☐ 시 ☐ 분

9  ☐ 시 ☐ 분

14  ☐ 시 ☐ 분

15~20 시각에 맞게 긴바늘을 그려 넣으세요.

15

4시 40분

18

9시 52분

16

3시 25분

19

2시 31분

17

7시 10분

20

6시 4분

연산⁺

시계의 짧은바늘은 1과 2 사이를 가리키고, 긴바늘은 3을 가리키고 있습니다. 시계의 시각은 몇 시 몇 분인가요?

짧은바늘이 ☐과 ☐ 사이를 가리키고 있습니다. ➡ ☐시

긴바늘이 ☐을 가리키고 있습니다. ➡ ☐분

따라서 시계의 시각은 ☐시 ☐분입니다.   답 ☐시 ☐분

다른 그림 찾기

아래 그림에서 위 그림과 다른 부분 5군데를 모두 찾아 ○표 하세요.

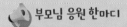

❷ 시간 알아보기⑴

● **I시간을 알아볼까요?**

시계의 긴바늘이 한 바퀴 도는 데 60분이 걸립니다.
60분은 I시간입니다.

> 60분＝I시간

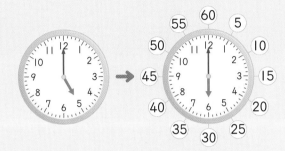

● **시간과 분 사이의 관계를 알아볼까요?**

- I시간 25분＝I시간＋25분＝60분＋25분＝85분
- I00분＝60분＋40분＝I시간＋40분＝I시간 40분

1~8 □ 안에 알맞은 수를 써넣으세요.

1 I시간＝ □ 분

2 3시간＝ □ 분

3 2시간 I0분＝ □ 분

4 I시간 35분＝ □ 분

5 65분＝ □ 시간 □ 분

6 90분＝ □ 시간 □ 분

7 I40분＝ □ 시간 □ 분

8 I55분＝ □ 시간 □ 분

9 1시간 10분 = ☐ 분

17 75분 = ☐ 시간 ☐ 분

10 3시간 20분 = ☐ 분

18 100분 = ☐ 시간 ☐ 분

11 2시간 25분 = ☐ 분

19 144분 = ☐ 시간 ☐ 분

12 4시간 = ☐ 분

20 120분 = ☐ 시간

13 1시간 22분 = ☐ 분

21 93분 = ☐ 시간 ☐ 분

14 4시간 59분 = ☐ 분

22 160분 = ☐ 시간 ☐ 분

15 3시간 46분 = ☐ 분

23 287분 = ☐ 시간 ☐ 분

16 5시간 50분 = ☐ 분

24 335분 = ☐ 시간 ☐ 분

25

1시간 20분 ➡ □ 분

26

5시간 ➡ □ 분

27

3시간 6분 ➡ □ 분

28

2시간 47분 ➡ □ 분

29

4시간 20분 ➡ □ 분

30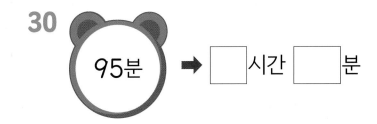

95분 ➡ □ 시간 □ 분

31

102분 ➡ □ 시간 □ 분

32

320분 ➡ □ 시간 □ 분

33

293분 ➡ □ 시간 □ 분

34

190분 ➡ □ 시간 □ 분

교통수단 찾기

효종, 보경, 은해, 범석이는 각각 다른 교통수단을 이용하여 서울에서 부산까지 가려고 합니다. 서울에서 부산까지 가는 데 걸리는 시간을 보고 네 사람이 이용하려는 교통수단을 찾아 □ 안에 알맞게 써넣으세요.

〈서울에서 부산까지 가는 데 걸리는 시간〉

교통수단	고속 열차	버스	비행기	기차
걸리는 시간	164분	254분	62분	323분

난 5시간 23분이 걸리는 □ 를 탈 거야!

효종

1시간 2분 만에 도착하려면 □ 를 타면 되겠다.

보경

난 도착하는 데 2시간 44분이 걸리는 □ 를 타야지.

은해

□ 를 타면 4시간 14분이 걸리는구나!

범석

❸ 시간 알아보기(2)

● 3시간 10분을 몇 분으로, 155분을 몇 시간 몇 분으로 나타내 볼까요?

- 3시간 10분 = 1시간 + 1시간 + 1시간 + 10분
  = 60분 + 60분 + 60분 + 10분 = 190분
- 155분 = 60분 + 60분 + 35분
  = 1시간 + 1시간 + 35분 = 2시간 35분

60분 = 1시간임을 이용하여 시간을 나타낼 수 있어!

1~10 ☐ 안에 알맞은 수를 써넣으세요.

1 2시간 = ☐ 분

2 6시간 = ☐ 분

3 3시간 15분 = ☐ 분

4 2시간 38분 = ☐ 분

5 4시간 52분 = ☐ 분

6 69분 = ☐ 시간 ☐ 분

7 175분 = ☐ 시간 ☐ 분

8 250분 = ☐ 시간 ☐ 분

9 141분 = ☐ 시간 ☐ 분

10 305분 = ☐ 시간 ☐ 분

11 1시간 42분 = □ 분

19 66분 = □ 시간 □ 분

12 3시간 16분 = □ 분

20 230분 = □ 시간 □ 분

13 5시간 30분 = □ 분

21 345분 = □ 시간 □ 분

14 2시간 49분 = □ 분

22 194분 = □ 시간 □ 분

15 4시간 40분 = □ 분

23 295분 = □ 시간 □ 분

16 1시간 1분 = □ 분

24 138분 = □ 시간 □ 분

17 3시간 59분 = □ 분

25 393분 = □ 시간 □ 분

18 5시간 12분 = □ 분

26 251분 = □ 시간 □ 분

27 2시간 22분 ➡ ☐ 분

31 71분 ➡ ☐ 시간 ☐ 분

28 4시간 19분 ➡ ☐ 분

32 230분 ➡ ☐ 시간 ☐ 분

29 3시간 49분 ➡ ☐ 분

33 264분 ➡ ☐ 시간 ☐ 분

30 5시간 35분 ➡ ☐ 분

34 388분 ➡ ☐ 시간 ☐ 분

새연이는 2시간 35분 동안 야구 경기를 보았습니다. 새연이가 야구 경기를 보는 데 걸린 시간은 몇 분인가요?

새연이가 야구 경기를 본 시간: ☐ 시간 ☐ 분

☐ 시간 ☐ 분＝1시간＋1시간＋☐ 분

＝☐ 분＋☐ 분＋☐ 분＝☐ 분

답 ☐ 분

숨은 그림 찾기

다음 그림에서 숨은 그림 5개를 모두 찾아 ○표 하세요.

양파 핫도그 붓 밥그릇 색연필

 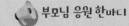

 교과서 **시각과 시간**

④ 하루의 시간 알아보기

● 하루의 시간을 알아볼까요?

- 하루는 24시간입니다.　　　　|1일=24시간|

- 전날 밤 12시부터 낮 12시까지를 오전이라 하고 낮 12시부터 밤 12시까지를 오후라고 합니다.

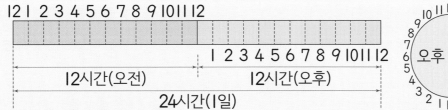

● 날과 시간 사이의 관계를 알아볼까요?

- 1일 2시간 = 1일 + 2시간 = 24시간 + 2시간 = 26시간
- 50시간 = 24시간 + 24시간 + 2시간
　　　　 = 1일 + 1일 + 2시간 = 2일 2시간

> 1일 = 24시간임을 이용하여 하루의 시간을 나타내 봐!

1~8 □ 안에 알맞은 수를 써넣으세요.

1 1일 = □시간

2 1일 6시간 = □시간

3 2일 10시간 = □시간

4 1일 12시간 = □시간

5 30시간 = □일 □시간

6 93시간 = □일 □시간

7 48시간 = □일

8 82시간 = □일 □시간

9~24 □ 안에 알맞은 수를 써넣으세요.

9 2일 = □ 시간

17 27시간 = □ 일 □ 시간

10 1일 22시간 = □ 시간

18 24시간 = □ 일

11 2일 19시간 = □ 시간

19 55시간 = □ 일 □ 시간

12 3일 7시간 = □ 시간

20 43시간 = □ 일 □ 시간

13 1일 1시간 = □ 시간

21 85시간 = □ 일 □ 시간

14 4일 3시간 = □ 시간

22 100시간 = □ 일 □ 시간

15 4일 8시간 = □ 시간

23 71시간 = □ 일 □ 시간

16 3일 23시간 = □ 시간

24 120시간 = □ 일

25

1일 10시간 ➡ □시간

26

3일 15시간 ➡ □시간

27

4일 2시간 ➡ □시간

28

55시간

➡ □일 □시간

29

111시간

➡ □일 □시간

30

142시간

➡ □일 □시간

현미가 제주도 여행을 한 시간은 며칠 몇 시간인가요?

현미

나는 74시간 동안 제주도 여행을 했어.

현미가 제주도 여행을 한 시간: □시간

□시간＝24시간＋24시간＋24시간＋□시간

＝□일＋□일＋□일＋□시간＝□일□시간

답 □일□시간

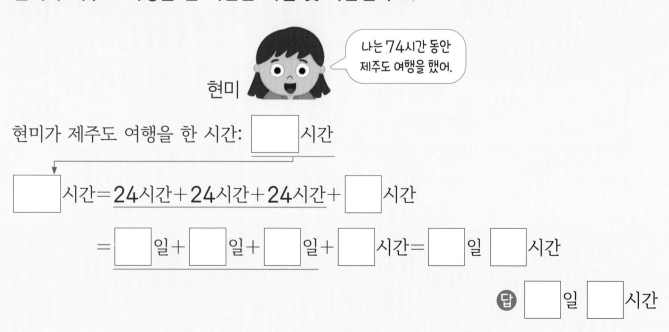

맛있는 요리법

다음은 레몬청의 요리법입니다. 순서에 따라 요리법을 살펴보세요.

새콤달콤
레몬청 만들기

<재료> ＊g은 무게의 단위입니다.

레몬 6개, 설탕 600 g, 올리고당 100 g, 베이킹소다 2 큰 술, 식초 2 큰 술

<만드는 법>

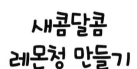

① 물로 헹군 레몬에 베이킹소다를 뿌린 후, 껍질을 문질러 가면서 닦아줘요.

② 흐르는 물에 깨끗하게 세척해 준 후, 물에 식초 2 큰 술을 넣어 레몬을 10분 동안 소독해 줘요.

③ 물기를 제거하고 레몬을 얇게 썰어줘요.

④ 유리 용기에 레몬, 설탕, 올리고당을 넣고 섞어줘요.

⑤ 하루 정도 실온에 두고, 냉장고에서 약 4일 4시간 동안 숙성시키면 완성돼요.

위의 요리법에서 만든 레몬청은 냉장고에서 약 몇 시간 동안 숙성시키면 완성되나요?

8주 2일
정답 확인

오늘 나의 실력을 평가해 봐!

부모님 응원 한마디

─────────────

쏙셈 4권 **8주 2일** ④

📖 교과서 **시각과 시간**

⑤ 일주일 알아보기

● 일주일을 알아볼까요?

1주일은 7일입니다.

| 1주일=7일 |

9월

일	월	화	수	목	금	토
1	2	3	4	5	6	7
8	9	10	11	12	13	14
15	16	17	18	19	20	21
22	23	24	25	26	27	28
29	30					

→ 일주일

같은 요일이 돌아오는 데 걸리는 기간을 1주일이라고 해.

● 주일과 날 사이의 관계를 알아볼까요?

· 1주일 5일 = 1주일 + 5일 = 7일 + 5일 = 12일
· 24일 = 7일 + 7일 + 7일 + 3일
      = 1주일 + 1주일 + 1주일 + 3일 = 3주일 3일

1주일 = 7일임을 이용해서 기간을 나타내 봐!

1~8 □ 안에 알맞은 수를 써넣으세요.

1 1주일 3일 = □일

5 19일 = □주일 □일

2 2주일 2일 = □일

6 31일 = □주일 □일

3 2주일 6일 = □일

7 9일 = □주일 □일

4 3주일 4일 = □일

8 27일 = □주일 □일

9 2주일 = □ 일

10 3주일 1일 = □ 일

11 4주일 5일 = □ 일

12 3주일 5일 = □ 일

13 5주일 3일 = □ 일

14 6주일 = □ 일

15 2주일 3일 = □ 일

16 4주일 2일 = □ 일

17 12일 = □ 주일 □ 일

18 21일 = □ 주일

19 17일 = □ 주일 □ 일

20 29일 = □ 주일 □ 일

21 8일 = □ 주일 □ 일

22 32일 = □ 주일 □ 일

23 47일 = □ 주일 □ 일

24 60일 = □ 주일 □ 일

25~30 양쪽의 기간이 같도록 □ 안에 알맞은 수를 써넣으세요.

25

1주일 6일 = □일

28
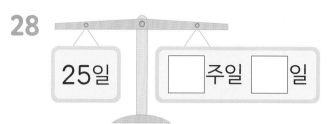
25일 = □주일 □일

26
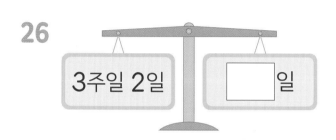
3주일 2일 = □일

29
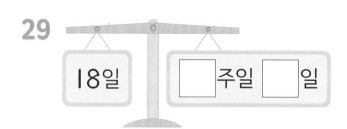
18일 = □주일 □일

27

5주일 5일 = □일

30

45일 = □주일 □일

재선이는 27일 동안 매일 밤 줄넘기를 하였습니다. 재선이가 줄넘기를 한 기간은 몇 주일 며칠인가요?

재선이가 줄넘기를 한 날수: □일

□일 = 7일 + 7일 + 7일 + □일

= □주일 + □주일 + □주일 + □일 = □주일 □일

답 □주일 □일

생일은 무슨 요일일까요?

시혁, 아영, 유리가 서로의 생일이 언제인지 대화를 하고 있습니다. □ 안에 알맞은 수를 써넣고 달력을 이용하여 세 사람의 생일은 무슨 요일인지 알아보세요.

4월

일	월	화	수	목	금	토
	1	2	3	4	5	6
7	8	9	10	11	12	13
14	15	16	⑰	18	19	20
21	22	23	24	25	26	27
28	29	30				

→ 오늘

5월

일	월	화	수	목	금	토
			1	2	3	4
5	6	7	8	9	10	11
12	13	14	15	16	17	18
19	20	21	22	23	24	25
26	27	28	29	30	31	

시혁: 내 생일은 오늘부터 2주일 후야. 모두 생일이 언제니?

아영: 앗! 내 생일은 오늘부터 3주일 2일 후야. 아직 멀었어.

유리: 그럼, 아영이의 생일은 오늘부터 □ 일 후구나.

아영: 유리야, 너의 생일은 언제야?

유리: 내 생일은 시혁이의 생일로부터 1주일 5일 후야.

시혁: 오! 그렇구나. 유리의 생일은 내 생일로부터 □ 일 후네.

답 시혁: □ 요일, 아영: □ 요일, 유리: □ 요일

 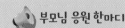

❻ 일 년 알아보기

● **일 년을 알아볼까요?**

1년은 12개월입니다.

$$1년 = 12개월$$

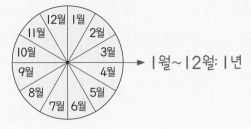 1월~12월: 1년

12개월은 열두 달을 지나는 기간의 양을 나타내!

● **년과 개월 사이의 관계를 알아볼까요?**

- 1년 3개월 = 1년 + 3개월 = 12개월 + 3개월 = 15개월
- 29개월 = 12개월 + 12개월 + 5개월
  = 1년 + 1년 + 5개월 = 2년 5개월

1년 = 12개월임을 이용해서 기간을 나타내 보자!

1~8 ☐ 안에 알맞은 수를 써넣으세요.

1 1년 2개월 = ☐ 개월

2 2년 = ☐ 개월

3 2년 10개월 = ☐ 개월

4 3년 8개월 = ☐ 개월

5 17개월 = ☐ 년 ☐ 개월

6 42개월 = ☐ 년 ☐ 개월

7 30개월 = ☐ 년 ☐ 개월

8 12개월 = ☐ 년

9~24 □ 안에 알맞은 수를 써넣으세요.

9 1년 = ☐ 개월

10 2년 9개월 = ☐ 개월

11 1년 3개월 = ☐ 개월

12 3년 1개월 = ☐ 개월

13 4년 5개월 = ☐ 개월

14 2년 7개월 = ☐ 개월

15 3년 10개월 = ☐ 개월

16 4년 2개월 = ☐ 개월

17 16개월 = ☐ 년 ☐ 개월

18 36개월 = ☐ 년

19 43개월 = ☐ 년 ☐ 개월

20 23개월 = ☐ 년 ☐ 개월

21 28개월 = ☐ 년 ☐ 개월

22 58개월 = ☐ 년 ☐ 개월

23 39개월 = ☐ 년 ☐ 개월

24 66개월 = ☐ 년 ☐ 개월

25

1년 11개월

↓

□ 개월

26

3년 9개월

↓

□ 개월

27

2년 3개월

↓

□ 개월

28

19개월

↓

□ 년 □ 개월

29

49개월

↓

□ 년 □ 개월

30

60개월

↓

□ 년

연산⁺

원길이는 피아노를 배운 지 2년 11개월이 되었습니다. 원길이가 피아노를 배운 기간은 몇 개월인가요?

원길이가 피아노를 배운 기간: □ 년 □ 개월

□ 년 □ 개월 = 1년 + 1년 + □ 개월

= □ 개월 + □ 개월 + □ 개월

= □ 개월

답 □ 개월

도둑 찾기

어느 날 한 백화점에 도둑이 들어 옷을 훔쳐 갔습니다. 사건 단서 ①, ②, ③의 □ 안에 알맞은 수에 해당하는 글자를 사건 단서 해독표에서 찾아 차례로 쓰면 도둑의 이름을 알 수 있습니다. 명탐정과 함께 주어진 단서를 가지고 도둑의 이름을 알아보세요.

사건 단서 ②
48개월
= □년

사건 단서 ①
2년 2개월
= □개월

사건 단서 ③
3년 4개월
= □개월

사건 현장에서 단서를 찾아 오른쪽의 사건 단서 해독표를 이용하여 도둑의 이름을 알아봐!

⟨사건 단서 해독표⟩

김	22	수	30	한	2
이	16	진	26	솔	34
은	40	리	3	하	4

① ② ③

도둑의 이름은 바로 [　][　][　] 입니다.

📖 교과서 **시각과 시간**

마무리 연산

1~2 시각을 읽어 보세요.

1  ☐시 ☐분

2 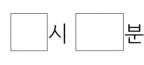 ☐시 ☐분

3~4 시각에 맞게 긴바늘을 그려 넣으세요.

3
2시 35분

4
11시 11분

5~10 ☐ 안에 알맞은 수를 써넣으세요.

5 2시간 55분 = ☐ 분

6 74분 = ☐ 시간 ☐ 분

7 4시간 32분 = ☐ 분

8 3일 = ☐ 시간

9 64시간 = ☐ 일 ☐ 시간

10 1일 21시간 = ☐ 시간

□ 안에 알맞은 수를 써넣으세요.

11
3일 3시간 ➡ □ 시간

13
10일 ➡ □ 주일 □ 일

12
51시간 ➡ □ 일 □ 시간

14
7주일 ➡ □ 일

□ 안에 알맞은 수를 써넣으세요.

15
129분 ➡ □ 시간 □ 분

17
1년 4개월 ➡ □ 개월

16
3시간 29분 ➡ □ 분

18
47개월 ➡ □ 년 □ 개월

양쪽의 기간이 같도록 □ 안에 알맞은 수를 써넣으세요.

19
1주일 5일   □ 일

22
2년 8개월   □ 개월

20
22일   □ 주일 □ 일

23
41개월   □ 년 □ 개월

21
41일   □ 주일 □ 일

24
7년   □ 개월

25 잘못 나타낸 것을 찾아 기호를 써 보세요.

> ㉠ 1시간 15분=75분 ㉡ 130분=2시간 10분
> ㉢ 2시간 12분=132분 ㉢ 194분=2시간 14분

(   )

26 관계있는 것끼리 선으로 이어 보세요.

3일 3시간 •   • 59시간

2일 11시간 •   • 77시간

3일 5시간 •   • 75시간

27~32 기간을 비교하여 ○ 안에 >, =, <를 알맞게 써넣으세요.

27 1주일 6일 ◯ 14일   **30** 2년 5개월 ◯ 28개월

28 27일 ◯ 3주일 5일   **31** 57개월 ◯ 4년 9개월

29 4주일 3일 ◯ 32일   **32** 5년 1개월 ◯ 62개월

33 병석이는 책 한 권을 읽는 데 118분이 걸렸습니다. 병석이가 책 한 권을 읽는 데 걸린 시간은 몇 시간 몇 분인가요?

 답 _____

34 효선이가 사는 지역에 장마가 시작되어 4일 9시간 동안 비가 내렸습니다. 효선이가 사는 지역에 비가 내린 시간은 몇 시간인가요?

 답 _____

35 승아네 학교의 여름 방학 기간은 3주일 6일입니다. 승아네 학교의 여름 방학 기간은 며칠인가요?

답 _____

36 창기는 야구 선수가 되기 위해 4년 11개월 동안 야구 연습을 하였습니다. 창기가 연습을 한 기간은 몇 개월인가요?

 답 _____

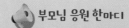

쏙셈

바른답과 학부모 가이드

4 권 (2학년 2학기)

하루 한장 쏙셈의 효율적인 학습을 위한 특별 제공

1

"바른답과 학부모 가이드"의 앞표지를 넘기면 '학습 계획표'가 있어요. 아이와 함께 학습 계획을 세워 보세요.

2

"바른답과 학부모 가이드"의 뒤표지를 앞으로 넘기면 '붙임 학습판'이 있어요. 붙임딱지를 붙여 붙임 학습판의 그림을 완성해 보세요.

3

그날의 학습이 끝나면 '정답 확인' QR 코드를 찍어 학습 인증을 하고 하루템을 모아 보세요.

쏙셈 4권(2-2) 학습 계획표

주차	교과서	학습 내용	학습 계획일	맞힌 개수	목표 달성도
1주	네 자리 수	❶ 천, 몇천 알아보기	월 일	/25	☺☺☺☺☺
		❷ 네 자리 수 알아보기	월 일	/25	☺☺☺☺☺
		❸ 각 자리의 숫자가 나타내는 수 알아보기	월 일	/18	☺☺☺☺☺
		❹ 뛰어 세기	월 일	/19	☺☺☺☺☺
		❺ 두 수의 크기 비교(1)	월 일	/30	☺☺☺☺☺
		❻ 두 수의 크기 비교(2)	월 일	/29	☺☺☺☺☺
2주		마무리 연산	월 일	/26	☺☺☺☺☺
	곱셈구구	❶ 2단, 5단 곱셈구구(1)	월 일	/35	☺☺☺☺☺
		❷ 2단, 5단 곱셈구구(2)	월 일	/41	☺☺☺☺☺
		❸ 3단, 6단 곱셈구구(1)	월 일	/35	☺☺☺☺☺
3주		❹ 3단, 6단 곱셈구구(2)	월 일	/40	☺☺☺☺☺
		❺ 4단, 8단 곱셈구구(1)	월 일	/35	☺☺☺☺☺
		❻ 4단, 8단 곱셈구구(2)	월 일	/41	☺☺☺☺☺
		❼ 7단, 9단 곱셈구구(1)	월 일	/35	☺☺☺☺☺
		❽ 7단, 9단 곱셈구구(2)	월 일	/40	☺☺☺☺☺
		❾ 2단~9단 곱셈구구(1)	월 일	/38	☺☺☺☺☺
		❿ 2단~9단 곱셈구구(2)	월 일	/40	☺☺☺☺☺
4주		⓫ I단 곱셈구구와 0의 곱(1)	월 일	/37	☺☺☺☺☺
		⓬ I단 곱셈구구와 0의 곱(2)	월 일	/36	☺☺☺☺☺
		⓭ 곱셈구구의 크기 비교	월 일	/33	☺☺☺☺☺
		⓮ 곱셈표(1)	월 일	/18	☺☺☺☺☺
		⓯ 곱셈표(2)	월 일	/17	☺☺☺☺☺
5주		마무리 연산	월 일	/38	☺☺☺☺☺
	길이 재기	❶ m와 cm의 관계	월 일	/34	☺☺☺☺☺
		❷ 받아올림이 없는 길이의 합(1)	월 일	/30	☺☺☺☺☺
		❸ 받아올림이 없는 길이의 합(2)	월 일	/31	☺☺☺☺☺
		❹ 받아올림이 있는 길이의 합(1)	월 일	/26	☺☺☺☺☺
6주		❺ 받아올림이 있는 길이의 합(2)	월 일	/29	☺☺☺☺☺
		❻ 받아내림이 없는 길이의 차(1)	월 일	/30	☺☺☺☺☺
		❼ 받아내림이 없는 길이의 차(2)	월 일	/31	☺☺☺☺☺
		❽ 받아내림이 있는 길이의 차(1)	월 일	/26	☺☺☺☺☺
		❾ 받아내림이 있는 길이의 차(2)	월 일	/29	☺☺☺☺☺
7주		마무리 연산	월 일	/27	☺☺☺☺☺
	시각과 시간	❶ 시각 읽기	월 일	/21	☺☺☺☺☺
		❷ 시간 알아보기(1)	월 일	/34	☺☺☺☺☺
		❸ 시간 알아보기(2)	월 일	/35	☺☺☺☺☺
8주		❹ 하루의 시간 알아보기	월 일	/31	☺☺☺☺☺
		❺ 일주일 알아보기	월 일	/31	☺☺☺☺☺
		❻ 일 년 알아보기	월 일	/31	☺☺☺☺☺
		마무리 연산	월 일	/36	☺☺☺☺☺

바른답과
학부모 가이드

4권 (2학년 2학기)

📖 교과서 **네 자리 수**

1주 1일차 ❶ 천, 몇천 알아보기

1	3000	3	5000
2	8000	4	2000

5	1000	12	구천
6	육천	13	7000
7	4000	14	삼천
8	팔천	15	2000
9	3000	16	사천
10	칠천	17	6000
11	5000	18	천

19 6000

20 2000

21 9000

22 예 | 1000 | 1000 | 1000 | 1000 |
| 1000 | 1000 | 1000 | 1000 |

23 | 1000 | 1000 | 1000 | 1000 |
| 1000 | 1000 | 1000 | 1000 |

24 예 | 1000 | 1000 | 1000 | 1000 |
| 1000 | 1000 | 1000 | 1000 |

연산

4. 4000 / 4000 답 4000

  답

1주 2일차 ❷ 네 자리 수 알아보기

1	3514	3	4438
2	8361	4	6083

5	3198	10	9 / 4 / 3 / 0
6	5767	11	7 / 5 / 6 / 2
7	4236	12	2 / 1 / 6 / 5
8	9043	13	3 / 3 / 8 / 1
9	2658	14	8 / 9 / 0 / 4

15	팔천오백삼십육	20	7409
16	칠천팔백구십이	21	5763
17	사천삼백육	22	3861
18	천백칠십구	23	8930
19	삼천육백이십	24	2325

연산

4. 3. 3 / 2. 4332 /
4332. 사천삼백삼십이

답 쓰기 4332 읽기 사천삼백삼십이

연산 놀이터 답

풀이
• 칠천백삼십구 → 7139
• 1000이 3개인 수 → 3000
• 구천육백십이 → 9612
• 1000이 4개, 1이 8개인 수 → 4008

1 6, 5   3 1, 8, 5

2 9, 2   4 4, 7, 0

5 70, 5 / 70, 5

6 1000, 2 / 1000, 2

7 300, 20 / 300, 20

8 5000, 700, 4 / 5000, 700, 4

9 3000, 100, 20, 3 / 3000, 100, 20, 3

10 6에 색칠   14 1000에 색칠

11 700에 색칠   15 2에 색칠

12 0에 색칠   16 500에 색칠

13 3000에 색칠   17 80에 색칠

 연산⁺

40, 4, 400 / 5402   답 5402

 연산 놀이터 답

1 4000, 5000

2 3710, 3810

3 6339, 6369

4 5675, 5677

5 8640, 8670, 8680

6 9300, 9400, 9500

7 5678, 6678, 7678

8 3141, 3151, 3161

9 1855, 1856, 1858

10 4417, 4517, 4617

11 4925, 7925, 8925

12 5392, 5393, 5394

13 2647, 2657 / 10   16 5592, 8592 / 1000

14 4800, 5800 / 1000   17 9017, 9019 / 1

15 7133, 7134 / 1   18 8223, 8423 / 100

 연산⁺

4 / 1330, 1340, 1350, 1360

답 1360

 연산 놀이터 답

1 3, 7, 2, 4 / >
2 5, 4, 8, 5 / <
3 6, 5, 0, 6 / 7, 5, 0, 6 / <
4 2, 1, 7, 9 / 2, 1, 7, 3 / >

5 <   13 >
6 >   14 <
7 <   15 <
8 <   16 >
9 <   17 <
10 <   18 >
11 >   19 >
12 >   20 <

21 6436   26 4804
22 3504   27 8005
23 1974   28 9198
24 5536   29 6123
25 2793   30 5797

연산 놀이터   답

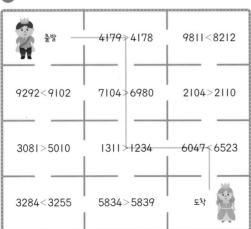

출발	4179>4178	9811<8212
9292<9102	7104>6980	2104>2110
3081>5010	1311>1234	6047<6523
3284<3255	5834>5839	도착

풀이 · 4179>4178   · 9811>8212
      · 9292>9102   · 7104>6980
      · 2104<2110   · 3081<5010
      · 1311>1234   · 6047<6523
      · 3284>3255   · 5834<5839

1 6, 1, 4, 9 / >
2 6, 9, 5, 3 / <
3 8, 4, 0, 1 / 8, 1, 9, 0 / >
4 2, 9, 0, 7 / 2, 9, 0, 9 / <

5 <   13 >
6 >   14 <
7 <   15 <
8 >   16 >
9 >   17 <
10 <   18 >
11 >   19 <
12 >   20 <

21 9110   25 7915
22 6893   26 2636
23 3608   27 4775
24 9442   28 1362

연산
3723, 3743 / 3723, <, 3743, 건강
답 건강

연산 놀이터   답

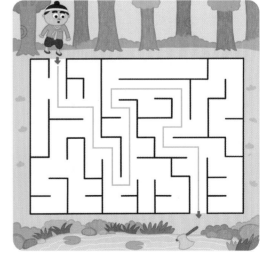

1	7000	**2**	3047
3	2186	**4**	5349
5	9 / 5 / 7 / 3	**6**	8 / 2 / 5 / 0
7	6720	**8**	천오십사

9 6000, 800, 20, 5

10 1000, 900, 30, 2

11	9345, 9445	**12**	8492, 8493
13	6613, 7613	**14**	5740, 5750
15	9493	**16**	5362
17	8079	**18**	6320

19 4365 / 사천삼백육십오

20

21 6674, 7674, 8674

22 6319에 ○표, 5272에 △표

23	8000개	**24**	3820원
25	5756	**26**	시혁

22 천의 자리 수를 비교하면 6>5이고, 6301과 6319의 천의 자리, 백의 자리 수가 각각 같으므로 십의 자리 수를 비교하면 0<1입니다.
따라서 가장 큰 수는 6319입니다.
5289와 5272는 천의 자리, 백의 자리 수가 각각 같으므로 십의 자리 수를 비교하면 8>7입니다.
따라서 가장 작은 수는 5272입니다.

23 1000이 8개이면 8000이므로 초콜릿은 모두 8000개입니다.

24 1000이 3개, 100이 8개, 10이 2개이면 3820입니다. 따라서 보현이가 낸 돈은 3820원입니다.

25 5456-5556-5656-5756
따라서 5456부터 100씩 3번 뛰어 센 수는 5756입니다.

26 9840<9873이므로 시혁이가 돈을 더 많이 모았습니다.

2주 3일차   ❶ 2단, 5단 곱셈구구 (1)

1 8		**3** 14	
2 30		**4** 15	

5	4	**12**	5	**19**	8
6	20	**13**	16	**20**	18
7	40	**14**	2	**21**	30
8	6	**15**	14	**22**	45
9	15	**16**	18	**23**	10
10	12	**17**	25	**24**	10
11	35	**18**	16	**25**	20

26	16	**31**	25
27	45	**32**	6
28	2	**33**	10
29	14	**34**	35
30	40	**35**	12

연산 놀이터   **답** 가온

풀이 [현미] 2×7=14
[가온] 5×9=45

현미의 놀이판   가온이의 놀이판

19	32	11	10	✕
6	✕	3	21	4
20	✕	14	✕	✕
5	17	39	✕	48
42	26	8	15	23

3	✕	22	18	✕
24	✕	6	48	32
50	45	34	✕	11
1	✕	25	10	9
38	14	29	40	✕

따라서 빙고 놀이에서 이긴 사람은 가온이입니다.

1	2	**5**	45	**9**	14
2	35	**6**	6	**10**	30
3	16	**7**	18	**11**	15
4	10	**8**	40	**12**	4

13	16	**20**	15	**27**	12
14	8	**21**	4	**28**	5
15	25	**22**	20	**29**	30
16	14	**23**	40	**30**	6
17	2	**24**	10	**31**	25
18	35	**25**	8	**32**	20
19	10	**26**	45	**33**	18

34	8 / 18	**37**	3
35	35 / 10	**38**	5
36	12 / 16	**39**	8
		40	7

 연산+

2, 3 / 2, 3, 6　**답** 6

 연산 놀이터　**답**

풀이　• 2×9＝18 → 빨간색
　• 5×8＝40 → 파란색
　• 5×2＝10 → 주황색
　• 2×3＝6 → 초록색

1	9	**3**	6
2	24	**4**	6

5	12	**12**	30	**19**	21
6	6	**13**	18	**20**	12
7	24	**14**	3	**21**	9
8	48	**15**	6	**22**	54
9	15	**16**	42	**23**	12
10	12	**17**	27	**24**	18
11	24	**18**	36	**25**	24

26	15	**31**	36
27	42	**32**	27
28	6	**33**	48
29	54	**34**	18
30	24	**35**	30

 연산 놀이터　**답** ②

풀이

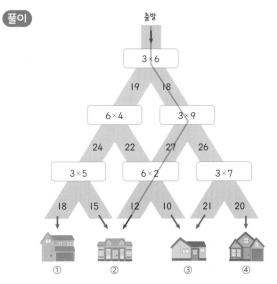

1	3	**5**	54	**9**	36
2	15	**6**	21	**10**	42
3	24	**7**	6	**11**	9
4	18	**8**	6	**12**	27

13	12	**20**	18	**27**	48
14	12	**21**	24	**28**	3
15	24	**22**	42	**29**	54
16	36	**23**	9	**30**	6
17	6	**24**	30	**31**	12
18	48	**25**	18	**32**	21
19	15	**26**	27	**33**	36

34 (위에서부터) 15 / 24   **37** 4

35 (위에서부터) 12 / 30   **38** 9

36 (위에서부터) 18 / 9   **39** 9

6, 8 / 6, 8, 48 답 48

 답 12305424

풀이 ① 3×4=12
② 6×5=30
③ 6×9=54
④ 3×8=24
따라서 비밀번호는 12305424입니다.

1	8	**3**	32
2	32	**4**	24

5	32	**12**	32	**19**	16
6	24	**13**	72	**20**	20
7	56	**14**	28	**21**	4
8	8	**15**	12	**22**	40
9	16	**16**	48	**23**	64
10	24	**17**	36	**24**	32
11	8	**18**	24	**25**	72

26	64	**31**	16
27	4	**32**	56
28	40	**33**	72
29	36	**34**	28
30	16	**35**	32

연산 놀이터 답

1	32	5	48	9	40
2	8	6	8	10	24
3	16	7	20	11	4
4	72	8	56	12	36

13	48	20	12	27	8
14	8	21	24	28	72
15	32	22	32	29	20
16	28	23	24	30	16
17	64	24	4	31	40
18	20	25	56	32	12
19	16	26	36	33	32

34	28 / 16	37	5
35	16 / 64	38	2
36	24 / 4	39	7
		40	9

4, 8 / 4, 8, 32 답 32

 답

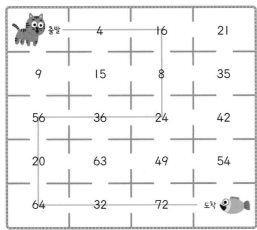

풀이 4단 곱셈구구의 값:
4, 8, 12, 16, 20, 24, 28, 32, 36
8단 곱셈구구의 값:
8, 16, 24, 32, 40, 48, 56, 64, 72

1	14	3	49
2	45	4	27

5	18	12	63	19	63
6	21	13	81	20	28
7	54	14	9	21	7
8	56	15	42	22	27
9	35	16	36	23	49
10	63	17	14	24	21
11	72	18	45	25	54

26	42	31	45
27	81	32	63
28	35	33	72
29	27	34	7
30	49	35	36

 답 박누리

풀이 ① 7×3=21 → 박
② 9×8=72 → 누
③ 7×7=49 → 리
따라서 도둑의 이름은 박누리입니다.

7

1	54	5	35	9	63
2	7	6	9	10	45
3	49	7	21	11	56
4	36	8	81	12	14

13	63	20	27	27	72
14	42	21	49	28	14
15	18	22	9	29	56
16	21	23	28	30	54
17	45	24	7	31	81
18	72	25	36	32	42
19	35	26	63	33	63

34 (위에서부터) 27 / 63   37 1

35 (위에서부터) 56 / 28   38 4

36 (위에서부터) 45 / 18   39 5

 연산

7, 7 / 7, 7, 49 답 49

 연산 놀이터 답

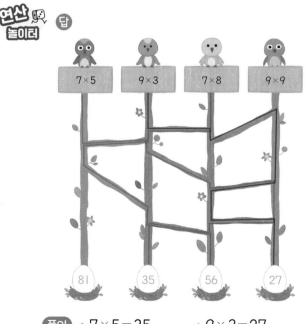

7×5	9×3	7×8	9×9
81	35	56	27

풀이 · 7×5=35   · 9×3=27
     · 7×8=56   · 9×9=81

1	24	4	45	7	9
2	30	5	9	8	12
3	8	6	28	9	56

10	7	17	4	24	4
11	2	18	7	25	3
12	6	19	5	26	9
13	8	20	8	27	4
14	2	21	3	28	7
15	7	22	6	29	6
16	3	23	4	30	2

31 12 / 28 / 8

32 28 / 63 / 35

33 18 / 4 / 12

34 45 / 27 / 36

35 (위에서부터) 72 / 5 / 32

36 (위에서부터) 7 / 3 / 8

37 (위에서부터) 81 / 3 / 54

38 (위에서부터) 5 / 24 / 1

연산 놀이터 답 [아영] 18, 45, 24 / 87
            [우근] 21, 15, 40 / 76

풀이 [아영] · 6×3=18(점)
        · 9×5=45(점)
        · 3×8=24(점)
        → (총점)=18+45+24=87(점)
     [우근] · 7×3=21(점)
        · 3×5=15(점)
        · 5×8=40(점)
        → (총점)=21+15+40=76(점)

1	18	5	16	9	15
2	24	6	8	10	10
3	21	7	24	11	56
4	20	8	81	12	36

13	3	20	3	27	4
14	9	21	8	28	5
15	5	22	5	29	8
16	3	23	6	30	6
17	4	24	4	31	6
18	7	25	2	32	7
19	7	26	4	33	3

34	12 / 28	37	24 / 6
35	54 / 36	38	7 / 25
36	4 / 18	39	42 / 1

8, 5 / 8, 5, 40   답 40

 답

가 2			마 3	바 2	
나 7	다 2			사 1	2
	라 4	5			
아 1		자 4		카 3	타 6
8		차 2	8		4

풀이 [가로 열쇠]
나: $9 \times 8 = 72$　라: $5 \times 9 = 45$
마: $8 \times 4 = 32$　사: $2 \times 6 = 12$
차: $7 \times 4 = 28$　카: $4 \times 9 = 36$
[세로 열쇠]
가: $3 \times 9 = 27$　다: $4 \times 6 = 24$
바: $7 \times 3 = 21$　아: $2 \times 9 = 18$
자: $6 \times 7 = 42$　타: $8 \times 8 = 64$

1	2	4	1, 0
2	0	5	4, 4
3	5	6	6, 0

7	1	14	0	21	3
8	0	15	8	22	0
9	4	16	0	23	0
10	7	17	9	24	6
11	0	18	0	25	0
12	5	19	0	26	0
13	0	20	2	27	0

28	9	33	0
29	0	34	0
30	3	35	4
31	0	36	8
32	1	37	0

 답

4주 4일차 ⓬ 1단 곱셈구구와 0의 곱 (2)

1	3	4	5, 0
2	0	5	6, 6
3	4	6	8, 0

7	4	14	0	21	0
8	0	15	1	22	0
9	3	16	0	23	0
10	0	17	0	24	2
11	7	18	5	25	6
12	0	19	0	26	0
13	0	20	9	27	8

28	2	32	0
29	0	33	3
30	5	34	9
31	0	35	0

 연산

1, 4 / 1, 4, 4 답 4

 연산놀이터 답 인형

풀이 · 1×0=0 · 1×2=2 · 4×0=0
· 1×5=5 · 0×9=0 · 1×8=8
· 0×6=0 · 1×7=7 · 3×0=0
따라서 생일 선물은 인형입니다.

4주 5일차 ⓭ 곱셈구구의 크기 비교

1	<	6	<
2	>	7	>
3	<	8	>
4	>	9	<
5	>	10	<

11	<	19	<
12	>	20	<
13	<	21	>
14	<	22	<
15	>	23	>
16	<	24	<
17	>	25	>
18	>	26	<

27	8×8에 ○표	30	4×4에 ○표
28	5×2에 ○표	31	3×3에 ○표
29	8×7에 ○표	32	1×9에 ○표

 연산

40, 42 / 40, <, 42, 유리 답 유리

 연산놀이터 답 ㉠, ㉣, ㉤

풀이 [윗옷]
㉠ 2×5=10 ㉡ 3×3=9
→ 10>9이므로 더 큰 것은 ㉠입니다.
[아래옷]
㉢ 6×5=30 ㉣ 8×4=32
→ 30<32이므로 더 큰 것은 ㉣입니다.
[신발]
㉤ 9×4=36 ㉥ 5×7=35
→ 36>35이므로 더 큰 것은 ㉤입니다.

1 4, 6, 8, 10

2 28, 35, 42, 49, 56

3 40, 48, 56, 64, 72

4 8, 12, 16, 20, 24

---

5 5 / 8, 10

6 4 / 8, 16

7 48, 56 / 54, 63

8 20, 36 / 35, 63

9 2, 6 / 10, 15 / 6, 12

10 5, 6 / 28, 42 / 36, 45, 54

11 12, 16 / 15, 20, 35 / 24, 42

12 0, 9 / 0, 12 / 0, 16, 24

---

13 9, 12, 15 / 8, 16, 20 / 10, 15, 25 /
12, 18, 24

14 5, 6, 7 / 10, 12, 16 / 18, 21, 24 /
20, 24, 32

15 8, 10, 16 / 15, 21, 24 / 24, 42, 48 /
32, 40, 56

16 6, 8, 9 / 12, 14, 16 / 35, 40, 45 /
36, 42, 54

17 12, 20, 28 / 10, 25, 35 / 14, 21, 49 /
16, 40, 56

18 15, 25, 45 / 30, 48, 54 / 21, 35, 63 /
45, 72, 81

연산
놀이터 답 16, 24

풀이 • (김치볶음밥 2인분의 참기름의 양)
$=8 \times 2 = 16$ (mL)
• (김치볶음밥 3인분의 참기름의 양)
$=8 \times 3 = 24$ (mL)

1 3, 9 / 4, 12

2 4, 5 / 8, 10

3 12, 15 / 24, 30

4 30, 45 / 48, 72

5 21, 49 / 24, 56

6 0, 0 / 18, 72

---

7 12, 24 / 12, 48 / 18, 36

8 10, 14 / 20, 32 / 25, 35, 40

9 5, 6 / 0, 15, 18 / 35, 42

10 49, 56, 63 / 56 / 63, 72, 81

11 1, 2, 5 / 6, 15 / 4, 20

12 6, 8, 12 / 15, 30 / 27, 36

13 15, 45 / 12, 18, 54 / 16, 24

14 0, 0 / 12, 15, 21 / 30, 42

15

×	1	2	3	4	5	6	7	8	9
2	2	4	6	8	10	12	14	16	18
4	4	8	12	16	20	24	28	32	36
7	7	14	21	28	35	42	49	56	63
8	8	16	24	32	40	48	56	64	72

16

×	1	2	3	4	5	6	7	8	9
3	3	6	9	12	15	18	21	24	27
5	5	10	15	20	25	30	35	40	45
6	6	12	18	24	30	36	42	48	54
9	9	18	27	36	45	54	63	72	81

연산

14, 28 / 7 답 7

연산
놀이터 답

1 8, 32　　**2** 6, 30　　**3** 36

4 0　　**5** 3　　**6** 64

7 6　　**8** 0　　**9** 6

10 10　　**11** 28　　**12** 3

13 0　　**14** 9　　**15** 1

16 4　　**17** 9　　**18** 6

19 6　　**20** 0　　**21** 12 / 21

22 63 / 45　　**23** 48 / 7　　**24** 4 / 40

25 <　　　　**26** >

27 0, 0, 0 / 8, 28, 36 / 14, 49, 63

28 1, 5, 9 / 3, 15, 27 / 5, 25, 45

29 8, 12, 16 / 24, 36, 48 / 32, 48, 64

30 9, 12, 21 / 15, 20, 35 / 21, 28, 49

31 3, 3 / 15 / 15　　**32** ④

33 8

34

48	15	45	36	40
64	30	18	25	9
6	34	26	81	54

35 5×9=45 / 45개　　**36** 8×5=40 / 40쪽

37 9×4=36 / 36살　　**38** 12점

---

34 6×1=6, 6×2=12, 6×3=18, 6×4=24,
　　6×5=30, 6×6=36, 6×7=42, 6×8=48,
　　6×9=54

35 (상자 9개에 들어 있는 고구마 수)
　　=(한 상자에 들어 있는 고구마 수)×(상자 수)
　　=5×9=45(개)

36 (5일 동안 푼 문제집 쪽수)
　　=(하루에 푼 문제집 쪽수)×(날수)
　　=8×5=40(쪽)

37 (미선이 어머니의 나이)=(미선이의 나이)×4
　　　　　　　　　　=9×4=36(살)

38 (1등의 총 점수)=3×2=6(점),
　　(2등의 총 점수)=1×6=6(점)
　　따라서 소희네 반의 멀리뛰기 점수는 모두 6+6=12(점)
　　입니다.

5주 4일차　❶ m와 cm의 관계

1 1　　　　　　**6** 400

2 7　　　　　　**7** 240

3 3, 5　　　　　**8** 812

4 5, 37　　　　**9** 379

5 9, 91　　　　**10** 436

---

11 9　　　　**19** 322

12 109　　　**20** 6, 21

13 6, 66　　**21** 718

14 587　　　**22** 1, 19

15 7, 3　　　**23** 287

16 920　　　**24** 3, 96

17 4, 24　　**25** 502

18 844　　　**26** 9, 7

---

27 5, 18　　**30** 782

28 4, 5　　　**31** 530

29 9, 73　　**32** 929

　　　　　　　　33 175

 100, 41, 141　답 141

 답 ③

풀이

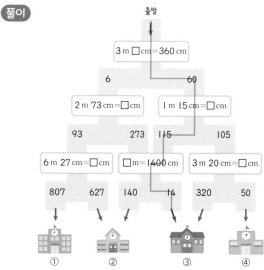

12

1	3, 40	4	9, 61
2	7, 60	5	4, 59
3	5, 72	6	8, 39

7	8, 60	13	7 m 23 cm
8	3, 54	14	5 m 76 cm
9	6, 92	15	6 m 28 cm
10	7, 40	16	3 m 16 cm
11	4, 37	17	9 m 79 cm
12	5, 68	18	8 m 78 cm
		19	9 m 66 cm
		20	8 m 44 cm

21	4 m 80 cm	26	4 m 14 cm
22	3 m 56 cm	27	5 m 37 cm
23	6 m 43 cm	28	8 m 75 cm
24	7 m 76 cm	29	9 m 84 cm
25	9 m 88 cm	30	11 m 69 cm

 연산 놀이터 답 655979

풀이 • 2 m 30 cm + 4 m 25 cm
= 6 m 55 cm → ①: 6, ②: 55
• 6 m 68 cm + 3 m 11 cm
= 9 m 79 cm → ③: 9, ④: 79
따라서 비밀번호는 655979입니다.

1	3, 35	5	4, 44
2	6, 55	6	9, 21
3	7, 82	7	10, 77
4	9, 54	8	11, 53

9	3 m 50 cm	17	7 m 63 cm
10	2 m 58 cm	18	9 m 87 cm
11	5 m 94 cm	19	6 m 56 cm
12	6 m 30 cm	20	5 m 44 cm
13	4 m 45 cm	21	7 m 80 cm
14	7 m 84 cm	22	10 m 50 cm
15	9 m 71 cm	23	13 m 47 cm
16	10 m 66 cm	24	12 m 74 cm

25	5 m 40 cm	28	4 m 60 cm
26	6 m 27 cm	29	12 m 39 cm
27	8 m 58 cm	30	11 m 76 cm

 연산⁺

2, 28, 4, 58 / 2, 28, 4, 58 / 6, 86
답 6, 86

 연산 놀이터 답

1	I / 4. 10	**3**	I / 4. 48
2	I / 3. 25	**4**	I / 6. 37

5	3. 30	**11**	6 m 30 cm
6	5. 20	**12**	4 m 32 cm
7	6. 14	**13**	7 m 18 cm
8	8. 21	**14**	5 m 29 cm
9	9. 38	**15**	8 m 16 cm
10	9. 13	**16**	9 m 47 cm
		17	7 m 22 cm
		18	9 m 43 cm

19	4 m 15 cm	**23**	7. 26
20	6 m 29 cm	**24**	6. 58
21	8 m 11 cm	**25**	9. 71
22	9 m 24 cm	**26**	8. 20

 연산 놀이터

답 고진감래

풀이
- 6 m 78 cm + 3 m 46 cm
  = 10 m 24 cm
  → ①: 고, ②: 진
- 8 m 25 cm + 2 m 91 cm
  = 11 m 16 cm
  → ③: 감, ④: 래

따라서 완성된 사자성어는 '고진감래'입니다.

1	4. 10	**4**	8. 34
2	6. 20	**5**	9. 45
3	5. 62	**6**	11. 19

7	4 m 30 cm	**15**	7 m 34 cm
8	3 m 70 cm	**16**	6 m 24 cm
9	5 m 6 cm	**17**	7 m 15 cm
10	6 m 38 cm	**18**	9 m 30 cm
11	7 m 15 cm	**19**	11 m 18 cm
12	8 m 46 cm	**20**	10 m 60 cm
13	8 m 26 cm	**21**	14 m 29 cm
14	9 m 9 cm	**22**	16 m 21 cm

23	4 m 40 cm	**26**	8 m 25 cm
24	8 m 7 cm	**27**	10 m 12 cm
25	7 m 32 cm	**28**	14 m 41 cm

 연산

1. 58 / 53 / 1. 58, 53, 2. 11

답 2. 11

 연산 놀이터

답 강아지

풀이 [쥐] 29 m 69 cm + 42 m 55 cm
= 72 m 24 cm
[고양이] 52 m 45 cm + 42 m 55 cm
= 95 m
[강아지] 36 m 61 cm + 42 m 55 cm
= 79 m 16 cm

따라서 식량을 다 먹어 버린 동물은 강아지
입니다.

1 1. 20

2 1. 15

3 5. 23

4 3. 22

5 4. 44

6 6. 80

---

7 3. 30

8 1. 40

9 2. 29

10 4. 13

11 5. 52

12 4. 34

13 1 m 25 cm

14 2 m 33 cm

15 4 m 10 cm

16 1 m 41 cm

17 3 m 52 cm

18 4 m 11 cm

19 5 m 3 cm

20 3 m 42 cm

---

21 1 m 22 cm

22 3 m 24 cm

23 3 m 39 cm

24 4 m 65 cm

25 5 m 63 cm

26 2 m 13 cm

27 3 m 50 cm

28 4 m 46 cm

29 6 m 24 cm

30 7 m 78 cm

연산 놀이터 답

1 2. 10

2 1. 26

3 3. 32

4 4. 75

5 2

6 3. 39

7 5. 45

8 6. 12

---

9 4 m

10 3 m 12 cm

11 2 m 24 cm

12 1 m 6 cm

13 3 m 35 cm

14 3 m 41 cm

15 4 m 13 cm

16 5 m 49 cm

17 50 cm

18 5 m 46 cm

19 1 m 22 cm

20 25 cm

21 2 m 38 cm

22 6 m 27 cm

23 5 m 45 cm

24 6 m 75 cm

---

25 4 m 60 cm

26 2 m 38 cm

27 3 m 49 cm

28 1 m 30 cm

29 4 m 57 cm

30 6 m 18 cm

연산➕
90. 67. 60. 45 / 90. 67. 60. 45 / 30. 22 답 30. 22

연산 놀이터 답 송강준

풀이 [강] 6 m 55 cm − 3 m 25 cm
= 3 m 30 cm → ②
[박] 5 m 74 cm − 4 m 65 cm
= 1 m 9 cm
[송] 2 m 19 cm − 2 m 10 cm
= 9 cm → ①
[준] 9 m 93 cm − 5 m 47 cm
= 4 m 46 cm → ③
따라서 도둑의 이름은 송강준입니다.

1 2. 100 / 1. 80   **3** 3. 100 / 90

2 4. 100 / 2. 70   **4** 5. 100 / 3. 45

---

5 2. 50   **11** 1 m 20 cm

6 2. 55   **12** 2 m 80 cm

7 3. 65   **13** 1 m 15 cm

8 1. 51   **14** 3 m 74 cm

9 4. 90   **15** 4 m 92 cm

10 3. 86   **16** 2 m 45 cm

                  17 1 m 49 cm

                  18 3 m 94 cm

---

19 1 m 90 cm   **23** 4. 30

20 3 m 65 cm   **24** 2. 81

21 4 m 83 cm   **25** 1. 52

22 44 cm   **26** 3. 74

연산 놀이터 답

1 1. 80   **4** 2. 69

2 3. 75   **5** 5. 53

3 19   **6** 4. 47

---

7 1 m 90 cm   **15** 2 m 98 cm

8 55 cm   **16** 3 m 42 cm

9 2 m 63 cm   **17** 1 m 67 cm

10 4 m 39 cm   **18** 38 cm

11 3 m 75 cm   **19** 4 m 32 cm

12 2 m 51 cm   **20** 3 m 88 cm

13 3 m 37 cm   **21** 5 m 46 cm

14 4 m 81 cm   **22** 6 m 97 cm

---

23 3 m 80 cm   **26** 5 m 45 cm

24 4 m 93 cm   **27** 6 m 91 cm

25 7 m 55 cm   **28** 4 m 29 cm

연산⁺

3. 15. 1. 61 / 3. 15. 1. 61 / 1. 54

답 1. 54

연산 놀이터 답

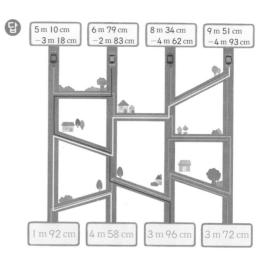

| 5 m 10 cm
−3 m 18 cm | 6 m 79 cm
−2 m 83 cm | 8 m 34 cm
−4 m 62 cm | 9 m 51 cm
−4 m 93 cm |

1 m 92 cm   4 m 58 cm   3 m 96 cm   3 m 72 cm

풀이
- 5 m 10 cm − 3 m 18 cm = 1 m 92 cm
- 6 m 79 cm − 2 m 83 cm = 3 m 96 cm
- 8 m 34 cm − 4 m 62 cm = 3 m 72 cm
- 9 m 51 cm − 4 m 93 cm = 4 m 58 cm

1	3, 50	**2**	1, 30
3	3, 21	**4**	801
5	2, 54	**6**	777
7	5, 65	**8**	9, 27
9	3, 11	**10**	4, 18
11	5, 58	**12**	9, 11
13	2, 35	**14**	3, 77
15	4 m 66 cm	**16**	7 m 7 cm
17	11 m 41 cm	**18**	2 m 36 cm
19	1 m 59 cm	**20**	3 m 68 cm
21		**22**	13, 26
23	6 m 29 cm	**24**	예은

25 1 m 41 cm＋1 m 65 cm＝3 m 6 cm /
3 m 6 cm

26 3 m 59 cm－1 m 24 cm＝2 m 35 cm /
2 m 35 cm

27 6 m 31 cm－2 m 72 cm＝3 m 59 cm /
3 m 59 cm

23 11 m 92 cm＞8 m 17 cm＞5 m 63 cm
→ 11 m 92 cm－5 m 63 cm＝6 m 29 cm

24 [가온] 6 m 57 cm－2 m 18 cm＝4 m 39 cm
[예은] 8 m 30 cm－4 m 91 cm＝ 3 m 39 cm
[희재] 9 m 28 cm－4 m 89 cm＝4 m 39 cm

25 (지환이와 어머니의 키의 합)
＝(지환이의 키)＋(어머니의 키)
＝1 m 41 cm＋1 m 65 cm＝3 m 6 cm

26 (처음보다 더 늘어난 고무줄의 길이)
＝(잡아당긴 후 고무줄의 길이)－(처음 고무줄의 길이)
＝3 m 59 cm－1 m 24 cm＝2 m 35 cm

27 (남은 끈의 길이)
＝(처음 끈의 길이)－(사용한 끈의 길이)
＝6 m 31 cm－2 m 72 cm＝3 m 59 cm

교과서 **시각과 시간**

1	3, 15	**3**	5, 41
2	8, 20	**4**	11, 56
5	1, 50	**10**	7, 13
6	10, 35	**11**	4, 48
7	6, 10	**12**	3, 26
8	9, 45	**13**	5, 32
9	2, 5	**14**	8, 1

15   **18**

16   **19**

17   **20**

연산＋
1, 2, 1 / 3, 15 / 1, 15 답 1, 15

연산 놀이터 답

17

1 60		**5** 1. 5	
2 180		**6** 1. 30	
3 130		**7** 2. 20	
4 95		**8** 2. 35	

9 70		**17** 1. 15	
10 200		**18** 1. 40	
11 145		**19** 2. 24	
12 240		**20** 2	
13 82		**21** 1. 33	
14 299		**22** 2. 40	
15 226		**23** 4. 47	
16 350		**24** 5. 35	

25 80		**30** 1. 35	
26 300		**31** 1. 42	
27 186		**32** 5. 20	
28 167		**33** 4. 53	
29 260		**34** 3. 10	

연산 놀이터 **답** 기차, 비행기 / 고속 열차, 버스

풀이 [효종]
5시간 23분=60분+60분+60분+60분
+60분+23분=323분
→ 기차
[보경]
1시간 2분=60분+2분=62분 → 비행기
[은해]
2시간 44분=60분+60분+44분
=164분 → 고속 열차
[범석]
4시간 14분=60분+60분+60분+60분
+14분=254분 → 버스

1 120		**6** 1. 9	
2 360		**7** 2. 55	
3 195		**8** 4. 10	
4 158		**9** 2. 21	
5 292		**10** 5. 5	

11 102		**19** 1. 6	
12 196		**20** 3. 50	
13 330		**21** 5. 45	
14 169		**22** 3. 14	
15 280		**23** 4. 55	
16 61		**24** 2. 18	
17 239		**25** 6. 33	
18 312		**26** 4. 11	

27 142		**31** 1. 11	
28 259		**32** 3. 50	
29 229		**33** 4. 24	
30 335		**34** 6. 28	

연산⁺

2. 35 / 2. 35. 35 / 60. 60. 35. 155
답 155

연산 놀이터 **답**

1	24	5	1, 6
2	30	6	3, 21
3	58	7	2
4	36	8	3, 10

9	48	17	1, 3
10	46	18	1
11	67	19	2, 7
12	79	20	1, 19
13	25	21	3, 13
14	99	22	4, 4
15	104	23	2, 23
16	95	24	5

25	34	28	2, 7
26	87	29	4, 15
27	98	30	5, 22

74 / 74, 2 / 1, 1, 1, 2, 3, 2　답 3, 2

 답 100시간

풀이 4일 4시간
=24시간+24시간+24시간+24시간
+4시간
=100시간

1	10	5	2, 5
2	16	6	4, 3
3	20	7	1, 2
4	25	8	3, 6

9	14	17	1, 5
10	22	18	3
11	33	19	2, 3
12	26	20	4, 1
13	38	21	1, 1
14	42	22	4, 4
15	17	23	6, 5
16	30	24	8, 4

25	13	28	3, 4
26	23	29	2, 4
27	40	30	6, 3

27 / 27, 6 / 1, 1, 1, 6, 3, 6
답 3, 6

답 23 / 12 / 수, 금, 월

풀이 [시혁]
4월 17일로부터 2주일(14일) 후
→ 5월 1일 ➡ 수요일
[아영]
4월 17일로부터 3주일 2일(23일) 후
→ 5월 10일 ➡ 금요일
[유리]
5월 1일로부터 1주일 5일(12일) 후
→ 5월 13일 ➡ 월요일

1 14		**5** 1, 5	
2 24		**6** 3, 6	
3 34		**7** 2, 6	
4 44		**8** 1	

---

9 12	**17** 1, 4
10 33	**18** 3
11 15	**19** 3, 7
12 37	**20** 1, 11
13 53	**21** 2, 4
14 31	**22** 4, 10
15 46	**23** 3, 3
16 50	**24** 5, 6

---

25 23	**28** 1, 7
26 45	**29** 4, 1
27 27	**30** 5

 연산
2, 11 / 2, 11, 11 / 12, 12, 11 / 35
답 35

 연산놀이터
답 진하은
풀이 ① 2년 2개월
  =12개월+12개월+2개월
  =26개월 → □=26 ➡ 진
② 48개월
  =12개월+12개월+12개월+12개월
  =4년 → □=4 ➡ 하
③ 3년 4개월
  =12개월+12개월+12개월+4개월
  =40개월 → □=40 ➡ 은
따라서 도둑의 이름은 진하은입니다.

1 4, 20	**2** 12, 36	**3** (시계 그림)
4 (시계 그림)	**5** 175	**6** 1, 14
7 272	**8** 72	**9** 2, 16
10 45	**11** 75	**12** 2, 3
13 1, 3	**14** 49	**15** 2, 9
16 209	**17** 16	**18** 3, 11
19 12	**20** 3, 1	**21** 5, 6
22 32	**23** 3, 5	**24** 84
25 ㄹ	**26** (선 잇기)	**27** <
28 >	**29** <	**30** >
31 =	**32** <	**33** 1시간 58분
34 105시간	**35** 27일	**36** 59개월

26 ・3일 3시간=24시간+24시간+24시간+3시간
  =75시간
・2일 11시간=24시간+24시간+11시간=59시간
・3일 5시간=24시간+24시간+24시간+5시간
  =77시간

33 60분=1시간이므로
118분=60분+58분=1시간 58분입니다.

34 1일=24시간이므로
4일 9시간
=24시간+24시간+24시간+24시간+9시간
=105시간입니다.

35 1주일=7일이므로
3주일 6일=7일+7일+7일+6일=27일입니다.

36 1년=12개월이므로
4년 11개월
=12개월+12개월+12개월+12개월+11개월
=59개월입니다.

하루의 학습이 끝날 때마다 칭찬 트리에
붙임딱지를 붙여서 꾸며 보세요.

공부 습관을 키우는

_____ 의 칭찬 트리

↖ 이름을 쓰세요.

1주 1일차

1주 2일차

1주 3일차

1주 4일차

1주 5일차

2주 2일차

2주 1일차

2주 3일차

2주 4일차

2주 5일차

3주 1일차

3주 2일차

3주 3일차

3주 5일차

4주 1일차

4주 2일차

3주 4일차

5주 3일차

4주 3일차

5주 2일차

4주 4일차

5주 1일차

4주 5일차

5주 4일차

5주 5일차

6주 1일차

6주 2일차

6주 4일차

6주 3일차

6주 5일차

7주 2일차

7주 1일차

7주 3일차

7주 4일차

7주 5일차

8주 1일차

8주 3일차

8주 5일차

8주 2일차

8주 4일차

칭찬 트리를 완성했을 때의
부모님과의 약속 ♥